创意案例欣赏 ▼

Chapter 04 简约风格蓝色炫光按钮
视频位置：光盘 / 教学视频 / Chapter4

Chapter 05 晶莹剔透玻璃质感
视频位置：光盘 / 教学视频 / Chapter5

Chapter 05 牛仔裤纹理的布料质感
视频位置：光盘 / 教学视频 / Chapter5

Chapter 05 纸箱质感的界面制作
视频位置：光盘 / 教学视频 / Chapter5

Chapter 06 酷炫蓝色金属字体
视频位置：光盘 / 教学视频 /Chapter6

Chapter 06 钻石字体表现
视频位置：光盘 / 教学视频 /Chapter6

Chapter 09 夏日海景宣传海报
视频位置：光盘 / 教学视频 /Chapter9

Chapter 07 照相机图标制作
视频位置：光盘 / 教学视频 / Chapter7

Chapter 07 闹钟图标制作
视频位置：光盘 / 教学视频 / Chapter7

Chapter 08 音乐图标制作
视频位置：光盘 / 教学视频 /Chapter8

Chapter 08 录音器图标制作
视频位置：光盘 / 教学视频 / Chapter8

Chapter 13　安卓Android手机整体界面制作
视频位置：光盘／教学视频／Chapter13

Now playing : 88.99 FM

88.9Fm

Chapter 13　极致精简界面的设计制作
视频位置：光盘／教学视频／Chapter13

Chapter 08　立体图标整体设计制作
视频位置：光盘／教学视频／Chapter8

最佳品质

Chapter 09　徽标图形
视频位置：光盘／教学视频／Chapter9

F452654879213954701

Chapter 09　条形码制作
视频位置：光盘／教学视频／Chapter9

Chapter 10　立体感十足的白色旋钮
视频位置：光盘／教学视频／Chapter10

Chapter 10　简约的开关按钮
视频位置：光盘／教学视频／Chapter10

Chapter 10 逼真金属质感旋钮　视频位置：光盘／教学视频／Chapter10

Chapter 10 晶莹剔透的菜单界面按钮　视频位置：光盘／教学视频／Chapter10

Chapter 10 手机界面整体按钮的设计制作　视频位置：光盘／教学视频／Chapter10

Chapter 11 日历和拨号界面　视频位置：光盘／教学视频／Chapter11

Chapter 11 日历和拨号界面　视频位置：光盘／教学视频／Chapter11

Chapter 10 扁平化下载进度按钮　视频位置：光盘／教学视频／Chapter10

Chapter 11 清新主题的对话框　视频位置：光盘／教学视频／Chapter11

Chapter 11　Loading游戏加载界面
视频位置：光盘／教学视频／Chapter11

Chapter 11　个性错误页界面设计和制作
视频位置：光盘／教学视频／Chapter11

Chapter 12　水晶质感开关
视频位置：光盘／教学视频／Chapter12

Chapter 12　发光效果的模式设置
视频位置：光盘／教学视频／Chapter12

Chapter 12　蓝色清新音量设置界面
视频位置：光盘／教学视频／Chapter12

Chapter 12　扁平化手机界面设计制作
视频位置：光盘／教学视频／Chapter12

Photoshop
APP UI
设计从入门到精通

罗晓琳　等编著

机械工业出版社

CHINA MACHINE PRESS

本书以 Photoshop UI 图标制作和界面交互设计为中心，通过 13 章，50 余个典型实例，讲解了当前最为热门的手机 APP UI 设计技术，如图标制作、质感效果制作、字体制作、三维 ICON 制作、图形设计、各类控件制作等，以及安卓手机、苹果手机和 Windows Phone 手机整体界面的制作方法，帮助读者在最短的时间内精通 UI 设计技术，迅速从新手变为 UI 界面和 APP 界面的设计高手。

图书在版编目（CIP）数据

Photoshop APP UI设计从入门到精通/罗晓琳等编著.—北京：机械工业出版社，2014.12（2016.2重印）
ISBN 978-7-111-48614-5

Ⅰ.①P… Ⅱ.①罗… Ⅲ.①图象处理软件 Ⅳ.①TP391.41

中国版本图书馆CIP数据核字（2014）第269327号

机械工业出版社（北京市百万庄大街22号　邮政编码100037）
策划编辑：丁　伦　　责任编辑：丁　伦
责任校对：丁　伦　　责任印制：李　洋
北京汇林印务有限公司印刷
2016年2月第1版第4次印刷
185mm×260mm・19.5印张・482千字
6301—8100 册
标准书号：ISBN 978-7-111-48614-5
　　　　　ISBN 978-7-89405-675-7（光盘）
定价：75.00元（附赠1DVD，内含视频教学）

凡购本书，如有缺页、倒页、脱页，由本社发行部调换

电话服务
社 服 务 中 心：（010）88361066
销 售 一 部：（010）68326294
销 售 二 部：（010）88379649
读者购书热线：（010）88379203

网络服务
教材网：http://www.cmpedu.com
机工官网：http://www.cmpbook.com
机工官博：http://weibo.com/cmp1952
封面无防伪标均为盗版

前言

　　无论在公交车还是在地铁上，你都可以看到大部分乘客都沉浸在一块小小的手机屏幕上，而硕大的招贴海报、广告电子屏却无法吸引他们多看几秒，这就是智能手机的魅力所在。智能手机与以往的手机最大的不同在于，它像计算机一样，拥有独立的操作系统，可由用户自行安装第三方应用程序。智能手机以操作系统为依据可以划分出不同的阵营，如 IOS、Android、Windows Phone 等，只要满足操作系统一致的条件，即使是品牌不同的手机照样可以通用这些第三方应用程序，所以智能手机可用的应用程序数量远高于普通手机。

　　智能手机的历史，只有短短的几年时间。但是正因如此，智能手机 APP UI 的设计尚处于刚开始不久的阶段，与互联网不同的是，智能手机 UI 设计人员的需求很大，但熟悉这套设计方法的人却相对较少。

　　本书共分 13 个章节，包括 APP UI 设计基础，APP UI 设计理论，APP UI 设计技巧，图标制作基础，APP UI 中的光与影，炫酷字体，简约 ICON 制作，三维 ICON 制作，丰富多彩的图形设计，各类控件制作，进度条／输入框／日历和拨号按钮，导航、列表和设置，综合案例等内容。读者学习后可以融会贯通、举一反三，制作出更多精彩、漂亮的效果。

　　本书结构清晰、语言简洁，适合 Photoshop APP UI 设计爱好者，特别是手机 APP 设计人员和平面广告设计人员，同时也可以作为各类 Photoshop APP UI 设计培训中心，以及中职中专、高职高专等院校本专业的辅导教材。本书配套的多媒体光盘中不仅提供了书中所有实例的相关视频教程，还包括所有实例的源文件及素材，方便读者学习和参考。

　　本书由罗晓琳（淄博职业学院）负责编写并统稿。此外，参与本书案例创作和测试等工作的人员还包括田龙过、钱政华、王育新、贺海峰、杜娟、谢青、吴淑莹、杨晓杰、李靖华、蒋芳、郝红杰、田晓鹏、郑东、侯婷、吴义娟、张龙、苏雨、倪茜、师立德、袁碧悦、张毅、刘晖等人。由于时间仓促，作者水平有限，书中难免出现不足之处，还望广大读者朋友批评指正。

目录

第1章
APP UI 设计基础

第1章
APP UI 设计基础

第1章
APP UI 设计基础

第1章
APP UI 设计基础

第1章
APP UI 设计基础

第1章
APP UI 设计基础

第2章
APP UI 设计理论

第2章
APP UI 设计理论

第2章
APP UI 设计理论

第3章
APP UI 设计技巧

第3章
APP UI 设计技巧

第3章
APP UI 设计技巧

前 言

第1章 APP UI 设计基础

1.1 APP UI 设计概述	13
1.1.1 什么是 UI 设计	13
1.1.2 什么是 APP	13
1.1.3 用于制作 APP UI 的 Photoshop 软件	14
1.2 APP UI 设计师需要掌握哪些技术	14
1.3 出色的 APP UI 界面设计	15
1.3.1 APP 界面设计者与产品团队	16
1.3.2 APP 界面设计与项目流程	16
1.3.3 视觉设计	17
1.4 不同的 APP UI 设计风格	18
1.5 APP UI 优秀作品欣赏	18
1.6 APP UI 设计师的就业前景	18

第2章 APP UI 设计理论

2.1 用户操作习惯	20
2.2 界面布局	20
2.3 操作简单	21
2.3.1 隐藏或删除	21
2.3.2 区分内容或功能	21
2.4 在操作方式上创新	21
2.5 在设计中投入情感	21
2.6 APP UI 的配色理论	22
2.6.1 如何配色	22
2.6.2 配色实战	23

第3章 APP UI 设计技巧

3.1 完整的 APP UI 设计流程	27
3.1.1 需求阶段	27
3.1.2 分析设计阶段	28
3.1.3 调研验证阶段	28
3.1.4 方案改进阶段	29
3.1.5 用户验证反馈阶段	29
3.2 图标设计的流程	30
3.3 如何让图标更具吸引力	31

第 4 章 图标制作基础
第 4 章 图标制作基础
第 4 章 图标制作基础
第 4 章 图标制作基础
第 4 章 图标制作基础
第 5 章 APP UI 中的光和影
第 5 章 APP UI 中的光和影
第 5 章 APP UI 中的光和影
第 6 章 炫酷字体
第 6 章 炫酷字体

第 4 章 图标制作基础

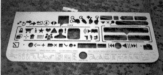

4.1 初识 Photoshop CC	33	4.4.6 制作细节 41
4.2 Photoshop CC 的界面	33	4.4.7 最终展示 42
4.2.1 Photoshop CC 的工作界面	33	4.5 实用工具和资源 43
4.2.2 Photoshop CC 的工具箱	35	4.5.1 网上资源 43
4.3 如何快速上手制作图标	36	4.5.2 原型设计辅助工具 45
4.4 图标制作流程	37	4.6 蓝色炫光按钮图标设计 47
4.4.1 打开 Photoshop 软件	37	4.7 UI 设计师必读：图片格式 51
4.4.2 设计阶段	37	4.7.1 矢量图与像素图 51
4.4.3 设计尺寸	38	4.7.2 压缩格式 51
4.4.4 观察效果	39	4.7.3 非压缩格式 53
4.4.5 制作过程	39	4.7.4 有损压缩与无损压缩 53

第 5 章 APP UI 中的光与影

5.1 晶莹剔透的玻璃质感	56	5.5 UI 设计师必读：手机 UI 中的
5.2 牛仔裤纹理的布料质感	63	颜色搭配 96
5.3 清晰逼真的木纹质感	72	5.5.1 简约配色 96
5.4 纸箱质感的界面制作	88	5.5.2 混合特效 96
		5.5.3 具体案例 97

第 6 章 炫酷字体

6.1 炫酷蓝色金属字体	99	的文字设计 120
6.2 钻石字体表现	107	6.4.1 手机 UI 中的字号 120
6.3 立体岩石材质字体制作	115	6.4.2 设计师与程序员之间的
6.4 UI 设计师必读：手机 UI 中		制作标准 121

第 7 章
简约 ICON 制作

第 7 章
简约 ICON 制作

第 7 章
简约 ICON 制作

第 8 章
三维 ICON 制作

第 8 章
三维 ICON 制作

第 8 章
三维 ICON 制作

第 9 章
丰富多彩的图形设计

第 9 章
丰富多彩的图形设计

第 10 章
各类控件制作

第 10 章
各类控件制作

第 7 章　简约 ICON 制作

7.1	联系人图标制作	123	7.4	闹钟图标制作	130
7.2	搜索图标制作	125	7.5	简约平面图标整套设计制作	136
7.3	照相机图标制作	127	7.6	UI 设计师必读：图标尺寸大小	144

第 8 章　三维 ICON 制作

8.1	音乐图标制作	146	8.6	UI 设计师必读：图标设计过程	166
8.2	录音器图标制作	150		8.6.1　最初构思	166
8.3	电话簿图标制作	153		8.6.2　图标造型设计	166
8.4	立体勾选框图标制作	156		8.6.2　图标图像制作	167
8.5	立体图标整套设计制作	162			

第 9 章　丰富多彩的图形设计

9.1	二维码扫描图形	169	9.4	夏日海景宣传海报	180
9.2	徽标图形	172	9.5	UI 设计师必读：Apple 和 Android	
9.3	条形码制作	177		移动端尺寸指南	189

第 10 章　各类控件制作

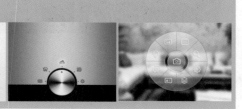

第 10 章　各类控件制作

第 10 章　各类控件制作

第 11 章　进度条 / 输入框 /
日历和拨号界面

第 11 章　进度条 / 输入框 /
日历和拨号界面

第 11 章　进度条 / 输入框 /
日历和拨号界面

第 12 章　导航、列表和设置

第 12 章　导航、列表和设置

第 12 章　导航、列表和设置

第 13 章　综合案例

第 13 章　综合案例

10.1　立体感十足的白色旋钮　191
10.2　简约的开关按钮　198
10.3　逼真的金属质感旋钮　206
10.4　扁平化的下载进度按钮　209
10.5　晶莹剔透的菜单界面按钮　213
10.6　手机界面整体按钮的设计制作　216
10.7　UI 设计师必读：如何设计按钮　226

10.7.1　关联分组　226
10.7.2　层级关系　226
10.7.3　善用阴影　226
10.7.4　圆角边界　227
10.7.5　强调重点　227
10.7.6　按钮尺寸　227
10.7.7　表述必须明确　227

第 11 章　进度条 / 输入框 / 日历和拨号界面

11.1　Loading 游戏加载界面　229
11.2　日历和拨号界面　235
11.3　清新主题的对话框　253
11.4　个性报错界面设计　256

11.5　UI 设计师必读：如何
　　　设计进度条　264
11.5.1　紧凑型设计　264
11.5.2　可视化　264
11.5.3　减少等待时间　264

第 12 章　导航、列表和设置

12.1　水晶质感的开关　266
12.2　发光效果的模式设置　269
12.3　蓝色清新音量设置界面　275
12.4　扁平化手机界面的设计

　　　制作　280
12.5　UI 设计师必读：
　　　如何设计导航和标签栏　286

第 13 章　综合案例

13.1　Android 系统整体界面制作　289
13.2　苹果 iOS8 系统整体界面制作　295
13.3　Windows Phone 系统整体界面制作　299
13.4　极致精简界面的设计制作　303
13.5　UI 设计师必读：iOS8 系统的

　　　设计风格　311
13.5.1　扁平风格　311
13.5.2　细节刻画　312
13.5.3　文字效果　312
13.5.4　界面效果变化大　312

第1章

APP UI 设计基础

本章主要讲解了关于 APP 界面的一些基础知识，学习这些基础知识可以使读者在学习本书之前，对 APP UI 有所了解并产生初步的兴趣，为以后的学习打下良好基础。

关　键
知识点

- ☑ 了解 APP UI 设计
- ☑ 了解 APP UI 设计师需要掌握的技术
- ☑ 出色的 APP 界面设计
- ☑ 不同的 APP UI 设计风格
- ☑ APP UI 优秀作品

1.1
APP UI 设计概述

　　本节介绍APP界面的应用领域，包含什么是APP UI设计、手机UI和平面UI的不同、什么是APP客户端、智能手机的操作系统有哪些、Photoshop与手机UI的关系、UI设计的重要性等内容。

1.1.1　什么是UI设计

　　UI可以翻译为用户界面。UI设计不仅仅是指界面美化设计，从文字的意思上能够看出，UI还与"用户与界面"有直接的交互关系。也就是说，UI设计不仅仅是为了美化界面，它还需要研究用户的使用习惯，让界面变得更简洁、易用、舒适。

　　用户界面无处不在，它可以是软件操作界面，也可以是用户登录界面，无论是在手机还是在PC机上都有它的存在，如图所示。

1.1.2　什么是APP

　　APP是Application的简写，即手机应用程序，也被称为应用。上右图中是Android系统的客户端图标展示，每一个图标代表一个APP，这些APP都有特定的用途，如清理手机的安全卫士、网页浏览的相关浏览器、播放音乐的音视频播放器、中文输入的拼音或笔画输入法等。APP通常分为个人用户APP与企业级APP。个人用户APP是面向个人消费者的，而企业级APP则是面向企业用户开发的。

1.1.3　用于制作APP UI的Photoshop软件

Photoshop简称PS，是一款功能强大的图形图像处理软件，下图为Adobe Photoshop主界面。

本书是以Photoshop APP UI设计为主题，首先就应该了解Photoshop与智能手机UI之间的关系。

在使用UI设计来美化界面的时候，比较常用的工具软件就是Photoshop，当然这也是根据设计者的喜好而决定的。但是对于初学者来说，掌握Photoshop软件会比其他图形图像处理软件更容易些，因此我们使用Photoshop软件作为本书的写作基础。

1.2
APP UI 设计师需要掌握哪些技术

目前APP UI设计师的职业非常热门，一般的称谓有软件UI设计师/工程师、IOS APP设计师、APP UI设计师、移动UI设计师和WEB APP UI设计制作等。这些职位的要求都是大同小异，基本的要求如下。

（1）移动手机客户端软件及WAP与WEB网站的美术创意、UI界面设计，把握软件的整体及视觉效果。

（2）准确理解产品需求和交互原型，配合工程师进行手机软件及WAP、WEB界面优化，设计出优质用户体验的界面效果图。

（3）熟练掌握手机客户端软件UI制作技术，能够熟练使用各种设计软件（例如Photoshop、Illustrator、Dreamweaver、Flash等）。还要有优秀的用户界面设计能力，对视觉设计、色彩有敏锐的观察力及分析能力。

（4）为产品推广和形象设计服务，关注所负责的产品设计动向，为产品提供专业的美术意见及建议。

（5）负责公司网站的设计、改版、更新，对公司的宣传产品进行美工设计。

（6）其他与美术设计、多媒体设计相关的工作，与设计团队充分沟通，推动提高团队的设计能力。

当我们看到上面这些APP UI设计要求时，会让我们想到了网页美工的任职要求。其实，它们之间大体上是相同的。唯一的区别就在于APP UI设计针对的是移动手机客户端的界面设计，包括IOS，Android，WP等界面设计。互联网设计趋势在于产品的用户体验设计，谁的产品体验做得好，谁就能有一席之地！而用户体验设计的重点在于界面的设计，因此移动客户端的界面设计从而显得更加重要。

1.3
出色的 APP UI 界面设计

　　想要设计出优秀的APP界面，首先应该从设计团队入手。本节将为大家呈现APP设计与产品团队的关系。

　　有些人认为APP设计就是一个独立的个体，只要由设计者单独设计出来就可以了，但是不能忽视一个问题，那就是APP界面同时也属于产品团队，如果没有产品团队的配合，最终也无法发挥界面的优势。因此，想要设计出优秀的APP界面，要从了解团队开始。

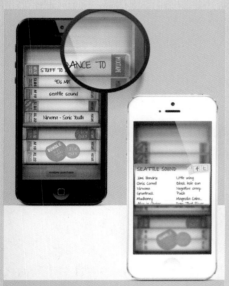

1.3.1　APP界面设计者与产品团队

关于产品团队人员的划分，下面引用当前UI设计行业中比较认可的一种划分方式。

产品经理：产品团队的领头人物，对用户的需求进行细致研究，针对广大用户的需求进行规划，然后将规划提交给公司高层，公司高层将会为本次项目提供人力、物力、财力等资源。产品经理常用的软件主要是PPT、Project和Visio等。

产品设计师：产品设计师主要在于功能设计方面，考虑技术是否具有可行性。常用软件有Word和Axure。

用户体验师：用户体验师需要了解商业层面内的东西，应该从商业价值的角度出发，对产品与用户交互方面进行改善。常用软件有Dreamweaver等。

UI设计师：主要是对用户界面进行美化，常用软件有Photosho、Iuustrator等。

以上所进行的人员划分方式，是指在公司内部职责划分明确的前提下，并不是所有的公司都能做到职责划分明确。

1.3.2　APP界面设计与项目流程

在一个手机APP产品团队中，通常APP界面的设计者在前期中就应该加入到团队中，参与产品定位、设计风格、颜色、控件等多方面问题的讨论。这样做可以使设计者充分了解产品的设计风格，从而设计出成熟可用的APP界面。

（1）产品定位

产品的功能是什么？依据什么而做这样的产品？要达到什么影响？

（2）产品风格

产品定位直接影响产品风格。根据产品的功能、商业价值等内容，可以产生许多不同的风格。当产品是以面向人群为定位，那产品的风格应该是清新、绚丽的；当产品是以商业价值为定位，那产品的风格应该是稳重、大气的。

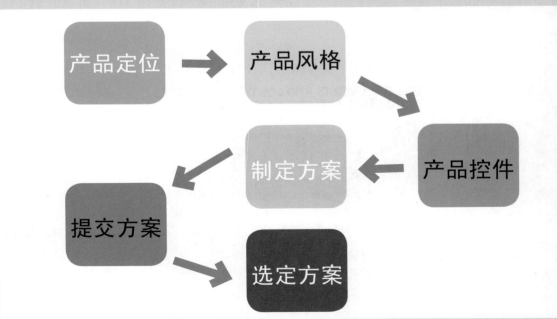

（3）产品控件

对产品界面用下拉菜单还是下拉滑屏，用多选框还是滚动条，控件的数量应该限制在多少个比较好等方面进行研究。

（4）制定方案

当产品的定位、风格和控件确定后，就需要开始制定方案。一般需要做出两套以上的方法，以便于对比选择。

（5）提交并选定方案

将方案提交后，邀请各方人士来进行评定，从而选出最佳方案。

（6）美化方案

将方案选定以后，就可以根据效果图进行美化设计了。

1.3.3　视觉设计

当原型完成后，就可以进行视觉设计了。通过视觉的直观感觉对原型设计进行加工，比如可以在某些元素上进行加工，如文本、按钮的背景、高光等。

在没有想法的时候，可以多参看其他优秀的APP设计，来为自己的设计找些灵感。

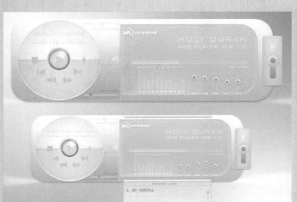

1.4
不同的 APP UI 设计风格

1.5
APP UI 优秀作品欣赏

1.6
APP UI 设计师的就业前景

移动手机UI设计已经开始受到众多设计师的青睐，原因有以下两点。

第一，APP UI设计是一个崭新的职位，也是设计师追求新鲜刺激感觉的驱动力，更具有挑战性。

第二，一个新的热门职业伴随着的就是高薪。

第 2 章

APP UI 设计理论

　　本章主要讲解了关于 APP 界面的一些设计理论知识，了解这些设计理论知识可以使读者更系统地了解 APP 界面设计方面的专业知识。这样才能设计出优秀的且被大众喜欢的作品。

关 　 键 知识点	
	☑ 学习用户操作习惯
	☑ 了解 APP UI 界面布局
	☑ 了解 APP UI 设计要求
	☑ 怎样设计一个成功的界面
	☑ 学习 APP UI 配色

2.1
用户操作习惯

　　用户在面对移动应用时，心态有以下三大特征。一是微任务，用户通常不会拿手机写一篇论文，也不会从头到尾看一部电影，使用是随时随地进行相关活动。二是查看周围情况，也就是个人所处的环境。可能会打开手机，看有什么好的饭馆，有什么好的电影，打折团购等。三是打发无聊时间，大多移动用户在无聊时会打开手机，从左到右地翻，翻到最后再把手机关掉。针对这三种特征应该怎么样去面对？第一，应用最好是小而准，不要大而全。越全的功能应用，只能代表着这个应用在各方面都很平庸。第二，要满足用户的情景需求。第三，要帮助用户去消磨时间。

2.2
界面布局

　　一般来说，手机屏幕是从上往下布局的，重要的信息会放在上方。但是在操作上，大部分人都是单手拿手机，常用的操作要放在界面的下方。另外还有一个原则，最小的触摸单位，一般是44个像素。如果再小，人的拇指难以触碰，容易引发误操作。同时，也不要让界面太拥挤。比如大家熟悉的iOS的桌面，最主要的操作是在最下面，常用的四个按钮，上面的内容可以来回滑动进行选择。微信的操作也是在下面，重要的信息——个人聊天内容会放在上方。

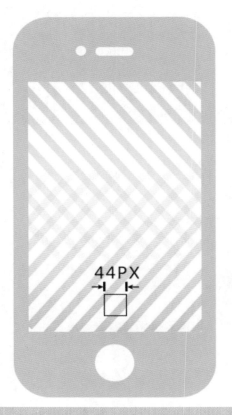

重要的信息

44PX

常用的操作

2.3
操作简单

由于用户更多需要微任务，同时还要打发无聊时间，所以要尽量让APP变得简单。但设计更简单的体验，往往意味着要追求更极端的目标。因为需要充分理解用户的需求，理解他现在想要什么，理解他现在的心态是什么，理解他的情绪是什么。

2.3.1　隐藏或删除

不太重要，但是又是必要的东西，可以把它隐藏起来；无关紧要的东西，能删掉就删掉，不要把什么东西都塞给用户。比如邮件应用中，已发邮件、草稿、已删除这些功能，对一般用户来说，在最常用的场景里面，这些是不重要的，但是不可能把它去掉，就可以隐藏在下面。而签名、外出自动回复等功能是更加不太使用的，可以把它藏得更深。再比如Path这个软件把五个常用的按钮，集成到"+"里。点击"+"以后，有拍照、音乐等功能。而界面上，打开这个应用，最直观的就是最主要的信息，没有其他的干扰。比如之前有多少人看过我的图片，它把这个信息直接集成在图片右上角，没有占据太多地方，点击之后，可以发表情、评论、直接删除等，做到了隐藏，是个非常干净、漂亮的页面。

2.3.2　区分内容或功能

以"酒店管家"为例，酒店图片、服务设施、价格等是最主要的内容，放在首要位置；点评放在了其次；然后是交通状况、周边设施等，有一个明确的分区。用户一旦知道了这种分区方式，下次再点开这个应用时，想看哪个，他的眼睛会直接落在那儿。用户其实希望看到的是开发者直接给他们一个非常简单、不用去记、不用去选择的东西。

2.4
在操作方式上创新

比如，用户现在在某个位置，想知道附近有什么好吃的。一种方式是定位了以后，直接把附近所有东西显示出来。还有一种方式是用手在屏幕上画出一个区域，它会记录下轨迹，并只显示该区域内的商户。这种方式特别直观，而且用户想怎么样就怎么样，想画一个五角星就画一个五角星，想画一条线也可以，它只给你想要地方的那些内容，这就是一种创新。

2.5
在设计中投入情感

什么样的设计师、什么样的团队才算优秀？优秀的标准之一就是设计者要对设计的应用投入感情。它会给产品带来一些好玩的、让用户觉得有意思的地方。比如定机票的应用中，有头等舱和经济舱两个选项。经济舱是一个普通的人，而头等舱是一个戴着帽子，系着领结，胸前别着手帕的人，很酷的老板形象，体现出了头等舱和经济舱之间的区别。要坐头等舱的人，一般都愿意看到自己是这样的形象。

2.6
APP UI 的配色理论

2.6.1　如何配色

在设计中，色彩一直是讨论的永恒话题。在一个作品中，视觉冲击力要占很大的比例，至少占70%。关于色彩构成和基本原理的书籍有很多，讲得也很详细，此处不再赘述。在这里，主要讲解如何制作配色色卡。

对于初学设计的人来说，经常为使用什么样的颜色而烦恼。他们做的画面要不就是颜色用得太多，显得太过花哨和俗气，要不就是只用同一个色相，使画面显得既单调又没有活力。

乱用色和不敢用色成为初学者的一个通病。我们大可不必纠结这个问题，向真实世界中的配色去学习，多看看大自然的美丽景致，然后归纳总结出一套自己的配色色卡，以供日后所用。

大家或许都知道，黑、白、灰这3个颜色可以调和各种无彩色。大自然的美是千变万化的，这就要求设计师必须拥有一颗捕捉美的心。就拿天空来举例，要是有人问你天空是什么颜色的，很多人都回答蓝色，可是如果你仔细观察就会发现，天空的颜色是千变万化、色彩斑斓的。艺术来源于生活又高于生活，所以设计师要经常总结，因为设计是一个"理解——分解——再构成"的艺术。

大自然的色彩是丰富多彩的，很多人造物在自然光线下也会呈现出特别和谐的色彩搭配。比如蔚蓝的大海、红色的瓷器、黄色的花朵等，在自然光的照射下，它们都会表现出丰富的色彩细节。

2.6.2　配色实战

　　不管在哪个平台下，画面一般是由主色调、辅色调、点睛色和背景色四部分构成的，其中，主色调在画面中的作用是无可取代的。有时候，色卡可以很方便地帮你找到哪一类的画面需要什么样的主色调。但是我们也要多积累一些，活学活用。这样不仅可以自己增加和减少色块比重来调整整个画面，还可以为了达到增加颜色细节的目的使用两张相似的色卡。接下来，我们来看一些配色卡和画面实例的色调。

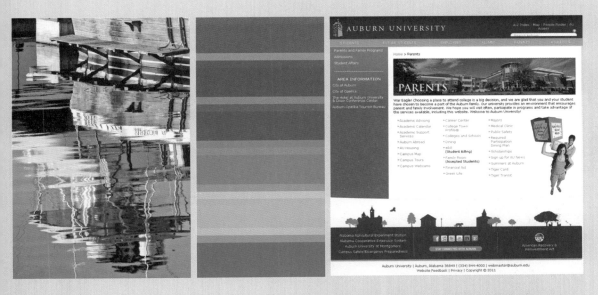

　　蓝色和白色调和，是看起来很权威很官方的配色。需要注意的是，这个蓝色不是科技蓝。

彩虹糖果色和黑色调和，是一种梦幻活泼的鲜艳配色。一般情况下，比较亮的彩虹色显得很粉很飘，在加入大面积协调色调后，画面就显得很美。

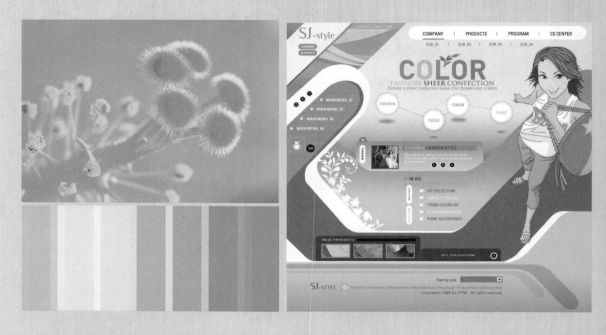

橙色和蓝色调和，橙色和蓝色对比得和谐统一，不仅显得有活力，而且感觉很有时间感。因为橙色和蓝色是互补色，要是使用得不好就会显得很俗气。图中这些作品，有些在橙色里加了米色，有些则在蓝色里加了深蓝，用来拉开色相上的冲突，整体效果都非常好。

　　绿色和白色调和，绿色和白色调和后是一种自然、优雅的清新配色。图中的这两幅作品都运用了白色和绿色，下左图中的作品通过渐变来制造柔和、轻松的气氛，还有光线照射下来，而下右图中作品里的绿叶元素以及灰色菜单的亮点都让其显得典雅清新。

　　红色和黑色调和，红色和黑色调和后形成一种金属冷色+热烈的红色的对比配色。右图中的作品首先运用黑、白、灰的金属色调来体现出科技感，然后又用热烈、奔放的红色来体现出音乐手机的产品定义。

第 3 章

APP UI 设计技巧

本章主要讲解了关于 APP 界面的设计技巧知识，学习这些设计技巧可以使读者充分了解 APP UI 的设计流程、图标的设计流程以及如何将图标设计得更具吸引力的相关技巧。

关　键
知识点

- ☑ APP UI 设计流程
- ☑ 图标设计流程
- ☑ 怎样制作更有吸引力的图标

3.1
完整的 APP UI 设计流程

随着人类社会逐步向非物质社会迈进，互联网信息产业已经走入人们的生活。在这样一个非物质社会中，手机软件这些非物质产品再也不像过去那样紧紧靠技术就能处于不败之地。工业设计开始关注非物质产品，但是在国内依然普遍存在这样一个称呼"美工"。这种旧式的称呼倒无关紧要，关键在于企业和个人之间都要清楚这个职位的重要作用，如果还以"老眼光"来对待这份工作，则会产生很多消极的因素，一方面在于称呼职员为美工的企业没有意识到界面与交互设计能给他们带来巨大的经济效益；另一方面在于被称为美工的人不知道自己应该做什么，以为自己的工作就是每天给界面与网站勾边描图。

在这里为大家介绍一套比较科学的设计流程来讲述APP UI界面设计是属于工业设计范畴的。它是一个科学的设计过程，理性的商业运作模式，而不是单纯的美术描边。

UI是User Interface的简称，即用户界面。它包括交互设计、用户研究和界面设计三个部分。这里主要讲述用户研究与界面设计的过程。

一个通用消费类软件界面的设计大体可分为以下5个步骤。

（1）需求阶段。

（2）分析设计阶段。

（3）调研验证阶段。

（4）方案改进阶段。

（5）用户验证反馈阶段。

3.1.1　需求阶段

软件产品依然属于工业产品的范畴，依然离不开3W的考虑（Who, Where, Why），也就是使用者、使用环境、使用方式的需求分析。所以在设计一个软件产品之前我们应该明确给什么人用（用户的年龄、性别、爱好、收入、教育程度等），什么地方用（在办公室/家庭/厂房车间/公共场所），如何用（鼠标/键盘/遥控器/触摸屏）。上面的任何一个元素改变，结果都会有相应的改变。

除此之外，在需求阶段同类竞争产品也是必须了解的。同类产品比我们提前问世，我们要比它做得更好才有存在的价值。那么单纯地从界面美学考虑说哪个好，哪个不好是没有一个很客观的评价标准的。只能说哪个更合适，更适于最终用户的就是最好的。如何判定是否适于用户呢？后面通过用户调研来解答这个问题。

3.1.2　分析设计阶段

通过分析上面的需求，下面进入设计阶段，也就是方案形成阶段，一般需要设计出几套不同风格的界面用于备选。首先应该制作一个体现用户定位的词语坐标，例如为25岁左右的白领男性制作家居娱乐软件，对于这类用户分析得到的词汇有：品质、精美、高档、高雅、男性、时尚、cool、个性、亲和、放松等。分析这些词汇的时候就会发现有些词是必须体现的，例如：品质、精美、高档、时尚。但有些词是相互矛盾的，必须放弃一些，例如：亲和、放松、cool、个性等。所以可以画出一个坐标，上面是必须用的品质、精美、高档、时尚。左边是贴近用户心理的词汇：亲和、放松、人性化。右边是体现用户外在形象的词汇：cool、个性、工业化。然后开始搜集相呼应的图片，放在坐标的不同点上。这样根据不同坐标点的风格，我们将会设计出数套不同风格的界面。

3.1.3　调研验证阶段

几套备选方案的风格必须保证在同等的设计制作水平上，不能明显看出差异，这样才能得到用户客观的反馈。

测试阶段开始前，我们应该对测试的具体细节进行清楚的分析描述，如下所述。

数据收集方式：厅堂测试/模拟家居/办公室。

测试时间：某年某月某日。

测试区域：北京、广州、天津。

测试对象：某消费软件界定市场用户。

主要特征：对计算机的硬件配置以及相关的性能指标比较了解，计算机应用水平较高；计算机使用经历一年以上；家庭购买计算机时品牌和机型的主要决策者；年龄为X～X岁；年龄在X岁以上的被访者文化程度为大专及以上；个人月收入X元以上或家庭月收入X元以上。

样品：五套软件界面。

样本量：X个，实际完成X个。

调研阶段需要从以下几个问题出发。

用户对各套方案的第一印象。

用户对各套方案的综合印象。

用户对各套方案的单独评价。

选出最喜欢的。

选出其次喜欢的。

对各方案的色彩、文字、图形等分别打分。

结论出来以后，请所有用户说出最受欢迎方案的优、缺点。

所有这些都需要用图形表达出来，直观科学。

3.1.4　方案改进阶段

经过用户调研，可以得到目标用户最喜欢的方案，而且了解到用户为什么喜欢，还有什么缺陷等，这样就可以进行下一步修改了。这时候可以把精力投入到选中方案上（这里指不能换皮肤的应用软件或游戏的界面），将该方案做到细致、精美。

3.1.5　用户验证反馈阶段

改正以后的方案，我们可以将它推向市场。但是设计并没有结束，还需要用户反馈。好的设计师应该在产品上市以后去站柜台，零距离接触最终用户，看看用户真正使用时的感想，为以后的升级版本积累资料。

经过上面设计过程的描述，大家可以清楚发现，界面UI设计类似于一个非常科学的推导公式，它有设计师对艺术的理解感悟，但绝对不仅仅是表现设计师个人的绘画水平。所以我们一再强调，这个工作过程是设计过程，UI界面设计不只是美工。

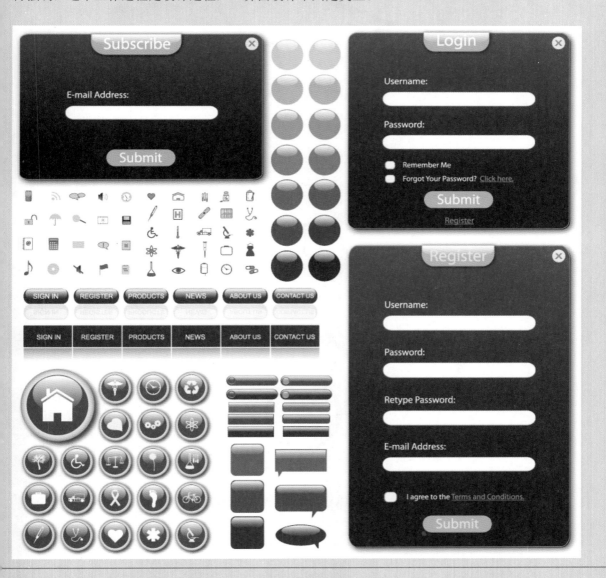

3.2
图标设计的流程

俗话说流程是死的，人是活的，这里介绍的是图标的通用设计流程，大家不一定要拘泥于这里讲的流程，要灵活掌握。

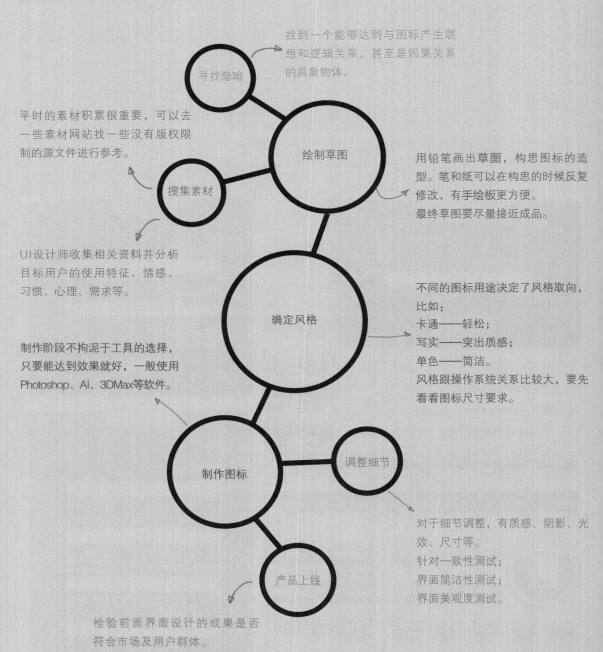

找到一个能够达到与图标产生联想和逻辑关系，甚至是因果关系的具象物体。

平时的素材积累很重要，可以去一些素材网站找一些没有版权限制的源文件进行参考。

用铅笔画出草图，构思图标的造型。笔和纸可以在构思的时候反复修改，有手绘板更方便。
最终草图要尽量接近成品。

UI设计师收集相关资料并分析目标用户的使用特征、情感、习惯、心理、需求等。

不同的图标用途决定了风格取向，比如：
卡通——轻松；
写实——突出质感；
单色——简洁。
风格跟操作系统关系比较大，要先看看图标尺寸要求。

制作阶段不拘泥于工具的选择，只要能达到效果就好，一般使用Photoshop、AI、3DMax等软件。

对于细节调整，有质感、阴影、光效、尺寸等。
针对一致性测试；
界面简洁性测试；
界面美观度测试。

检验前面界面设计的成果是否符合市场及用户群体。
收集市场对于产品的用户体验，并记录成文字说明。

3.3
如何让图标更具吸引力

设计图标的目的在于能够一下抓住人们的视觉中心，那么该怎样设计才能让图标更具吸引力呢？在这里讲述了3点：同一组图标风格的一致性、图标里正确的透视和阴影、合理的原创隐喻。

1. 同一组图标风格的一致性

几个图标之所以能成为一组，就是因为该组图标的风格具有一致性。一致性可以通过下面这些方面显示出来：配色、透视、尺寸、绘制技巧，或者类似几个这样属性的组合。如果一组中只有少量的几个图标，设计师可以很容易地记住这些规则。如果一组里有很多图标，而且由几个设计师同时工作（例如，一个操作系统的图标），那么，就需要特别的设计规范。这些规范细致地描述了怎样绘制图标能够让其很好地融入整个图标组。

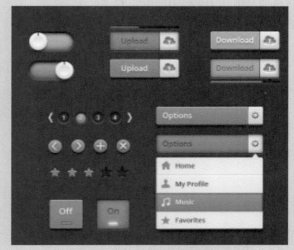

2. 合适的原创隐喻

绘制一个图标意味着描绘一个物体最具代表性的特点，这样它就可以说明这个图标的功能，或者阐述这个图标的概念。

一般来说，多边形铅笔有以下3种绘图方式。

（1）多边形柱体，表面涂有一层反光漆，没有橡皮擦。

（2）多边形柱体，笔身上有一个白色的金属圈固定着一个橡皮头。

（3）多边形柱体，没有木纹效果和橡皮擦。

在这里选择第二种作为图标设计的原型，因为该原型具备所有必要的元素，这样的图标设计出来具有很高的可识别性，即具有合适的原创隐喻。

第 4 章

图标制作基础

　　本章主要讲解关于 Photoshop CC 的一些基础知识，通过对本章内容的学习，可以使读者在学习过程中，打好 APP UI 设计的技术基础。

关　　键
知识点

- ☑ 认识 Photoshop CC
- ☑ Photoshop CC 界面
- ☑ 利用矢量工具绘制形状
- ☑ 制作图标
- ☑ 图片格式

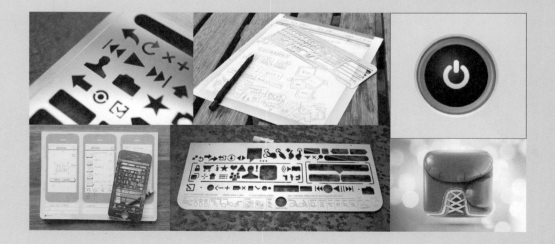

4.1
初识 Photoshop CC

在计算机的艺术天地中没有什么软件比Photoshop使用得更广泛，不管是广告创意、平面构成、三维效果还是后期处理，该软件都是最佳的选择。尤其是在印刷品的图像处理上，Photoshop更是无可替代的专业软件。在本节中，我们主要介绍一下Photoshop CC的大致应用领域。

Photoshop带给摄影师、画家以及广大的设计人员许多实用的功能，就像我们用五颜六色的毛笔在图纸上绘出美妙的图画一样，Photoshop工具也是将我们的想法以图像的形式表现出来。Photoshop从修复数码照片到制作出精美的图片，从工作中简单的图案设计到专业印刷设计师或网页设计师的图片处理工作，无所不及，无所不能。

我们可以在Photoshop中，将一张数码照片根据需要处理成不同风格的图像，方便、快捷地完成一些艺术效果，给生活添加许多风采。

4.2
Photoshop CC 的界面

运行Photoshop CC以后，可以看到用来进行图形处理的各种工具、菜单以及面板的默认操作界面。在本节中将学习Photoshop CC的所有构成要素及工具、菜单和面板。

4.2.1 Photoshop CC的工作界面

Photoshop CC的工作界面主要由工具箱、菜单栏、面板和编辑区等组成。如果我们熟练掌握各组成部分的基本名称和功能，就可以自如地对图形图像进行操作。

（1）菜单栏

可以快速切换到所需的工作区操作界面，如"基本功能""设计""绘画""摄影"等。

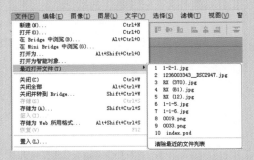

（2）选项栏

在选项栏中可以设置在工具箱中所选工具的选项。根据所选工具的不同，所提供的选项栏也有所区别。

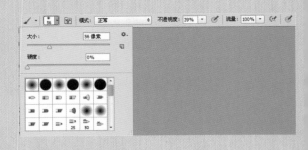

（3）工具箱

包含Photoshop CC中的常用工具，单击相应图标即可选择该工具。右击或按住右下角带有小三角的工具图标即可打开隐藏的工具组。

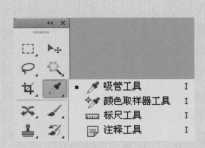

（4）图像窗口

用于显示Photoshop CC中操作的图像窗口。

（5）状态栏

位于图像窗口下端，用于显示当前图像的文件大小、显示比例以及图片的各种信息说明等信息。

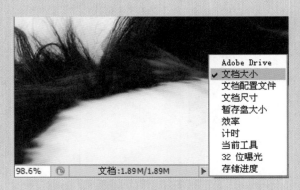

（6）图像窗口

在用户使用Photoshop CC的各项功能时，以面板的形式提供。

4.2.2　Photoshop CC的工具箱

　　启动Photoshop后，工具箱会默认显示在屏幕左侧。工具箱中列出了Photoshop CC中的常用工具，通过这些工具，可以输入文字，选择、绘制、编辑、移动、注释和查看图像，或者对图像进行取样，也可以更改前景色和背景色，以及在不同的模式下工作。展开右下角带有小三角的工具还可以查看它们的隐藏工具。将鼠标指针放在工具图标上，将出现工具名称和快捷键的提示。

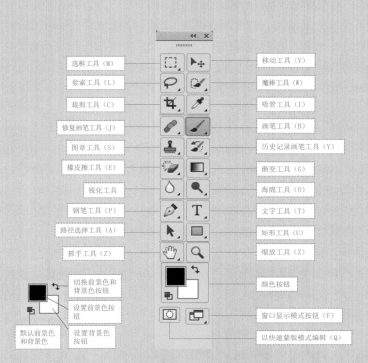

　　单击工具箱中的一个工具图标即可选择该工具。右下角带有三角形的工具图标表明该工具下含有隐藏工具，在这样的工具图标上按住鼠标左键即可显示隐藏的工具。

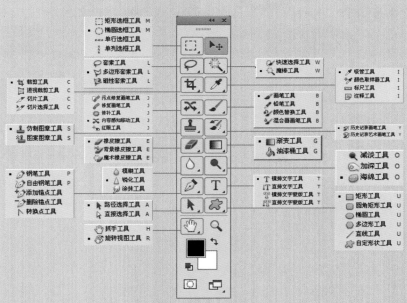

工具箱中隐藏的工具组

4.3
如何快速上手制作图标

　　当有人问到，如何才能快速上手制作图标呢？我的回答是：临摹。无论是纯粹的艺术修炼还是设计学习，临摹都是必须要经过的阶段。也许有人会说，临摹嘛！不就是找张作品然后对着画出一样的就行了，这有谁不会呢？

　　可是，有些新人并不知道如何有效进行临摹。首先，自然是寻找参照物。值得注意的是，要参照的作品必须有一定的质量，否则不仅浪费时间而且影响个人的审美。其次，参照作品应符合当前个人的水平，特别是对于新人来说不应该一开始就找较高难度的作品，这样容易遭受挫折，丧失学习的激情。应该从简单的开始循序渐进，慢慢建立自信，逐渐提高难度。

临摹图标需要的方法如下。

　　（1）建议用PS直接打开需要临摹的图片，在图片上新建图层临摹。这样容易对比观察，能很直接地判断图标各个元素之间的比例关系。如果参考作品太小，不得不用两个画布时，也要务必保证新画布大小、图标比例与原作一致。

　　小技巧：单击"窗口"→"排列"→"为XXX新建窗口"，会出现一个与当前画布一模一样的新窗口。将此窗口拉到合适比例，并保持100%可视状态。这样在绘制图标细节时，无论放大多少，进行任何操作，新窗口都会同步。如此，大大减少了100%状态与放大状态来回切换的时间。

　　（2）像素是否对齐，是否无锯齿。如果不对齐像素，边缘会出现虚边。当选择矩形工具或圆角矩形工具等时，要在选项栏中勾选"对齐像素"选项，这样在绘制时，会自动对齐。但在之后又进行了放大、缩小或移动后还是有可能会产生虚边，要注意随时调整。

临摹图标注意事项如下。

　　（1）集中精力。

　　（2）不要有惰性，细节决定好坏，不能偷懒省略步骤细节。

　　（3）临摹的目的是提高技术水平，临摹的同时要穿插技法教程学习。

　　（4）临摹的同时要锻炼眼力，最终目的要能观察到1像素级别的细微差异。

　　（5）直接临摹的同时，穿插一定程度的源文件临摹。

4.4
图标制作流程

通过前面的学习，已经掌握了Photoshop软件的基本操作，以及图标制作的原则和技巧，下面具体设计一组图标。

4.4.1　打开Photoshop软件

在制作图标之前，需要做好准备工作。打开Photoshop软件，执行"新建"命令，新建一个50cm×50cm、300像素的文档。

4.4.2　设计阶段

现在可以抛开计算机，闭上眼睛思考，在脑子里形成一个构思。确定想法后，就开始动手绘画，用笔快速将创意呈现在纸上，先大致画一部分有代表性的草图示例，避免灵感丢失。

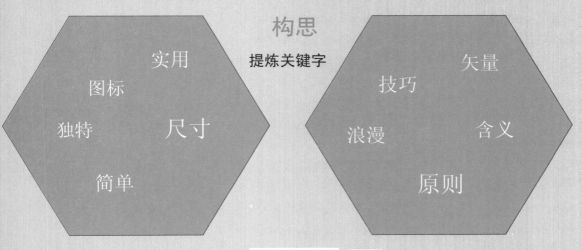

缺失灵感怎么办？参考类似作品→

草图
画出代表性的示例

草图看起来很难看，不过没关系，后期会进行改善

4.4.3　设计尺寸

绘制图标限制，统一视觉大小。使用矩形选框工具，绘制8cm×8cm大小的正方形选区。之后填充灰色，按住<Alt>键移动并进行复制。在水平方向复制3个副本，而在垂直方向，可将第一排4个正方形全部选中，按住<Alt>键进行移动并复制，复制3次。最终得到垂直和水平方向共16个正方形。

为了避免背景干扰，为16个正方形填充较淡的颜色。

绘制完成后，新建组，将其拖入到组1中，进行锁定。

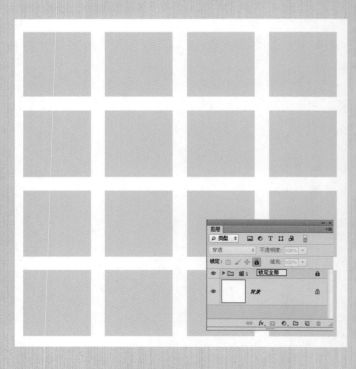

4.4.4　观察效果

在辅助背景上绘制基本形，将其放大，可以观察到像素点。

灰色背景辅助的定界框，此处设定为常用的16×16px。用眼睛衡量，注意视觉均衡，比如尺寸一致的情况下，矩形会显得偏大。

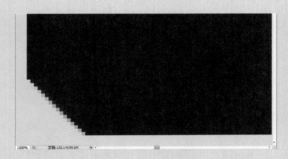

按下快捷键<Ctrl++>，将画布放大到600%，注意调节不要太猛，这样就可以看到像素点和网格粗线了。

消除锯齿通常是为了清晰，而不是锐利，不要为了消除而消除，需要保留一些杂边，图标才能平滑。

4.4.5　制作过程

一切准备就绪，现在就开始创作吧！好多人在创作的时候，画完一个就缺少灵感了，那就试试举一反三的方法吧。

加减法

对称

旋转

微调整

基本形的演变

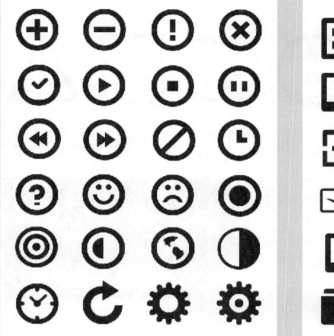

圆的演变

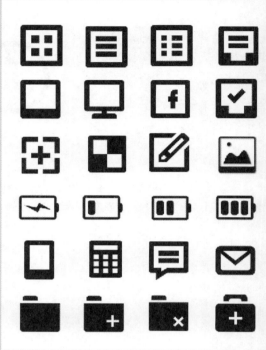

规则矩形的演变

不规则常用形状

不规则其他形状

4.4.6　制作细节

　　创作图标的时候，最常使用的方法就是变形，可以将其他基本形状进行组合，自由发挥，遵循"整体到局部"的原则，先造型再修饰细节。

形状组合

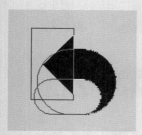

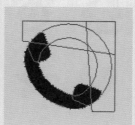

椭圆和长方形组合形成箭头形状。

三角形和长方形组合形成房屋形状。

圆形和长方形组合形成电话形状。

圆角矩形和圆形组合形成设置图标。

圆形和长方形组合形成白云形状。

圆形和长方形组合形成照相机形状。

椭圆和圆角矩形组合形成锁的形状。

三角形和五边形组合形成五角星形状。

4.4.7 最终展示

为图标加上背景，完成设计。

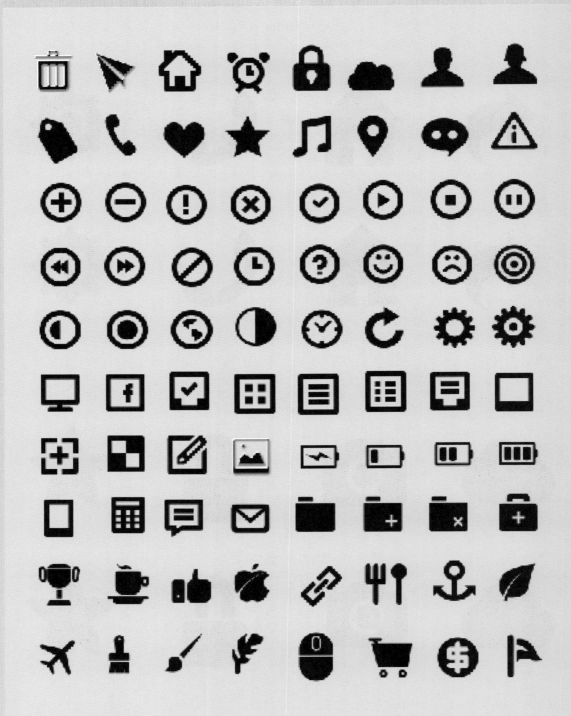

4.5
实用工具和资源

　　这里提供了一些论坛和网上下载资源的介绍，都是笔者常去的网站。还介绍了几种好用的UI设计工具，绝对让设计者事半功倍，大家可以试试。

4.5.1　网上资源

论坛交流

http://dribbble.com/

Dribbble 是一个面向创作家、艺术工作者、设计师等创意类工作的网站，提供作品在线服务，供网友在线查看已经完成的作品，或者正在创作的作品。Dribbble 还针对手机推出了相应的软件，可以通过苹果应用商店下载使用很多移动应用。

http://www.iconfans.com/

Iconfans专业界面交互设计论坛，是一个以"设计师"为中心，本着"小圈子，大份量"的原创理念，服务于所有爱好设计交互人群的理想平台。该论坛以学习、交流和分享为核心，为设计师朋友的工作与学习提供更多创作灵感和参考资料。

http://www.uimaker.com/

Uimaker 是为 UI 设计师提供 UI 设计资源学习分享的专业平台，拥有UI 教程、UI 素材、ICON、图标设计、手机 UI、UI 设计师招聘、软件界面设计、后台界面、后台模板等相关内容。在这里你可以找到很多设计灵感。

http://www.zcool.com.cn/

站酷网聚集了中国绝大部分的专业设计师、艺术院校师生、潮流艺术家等年轻创意人群，是国内最活跃的原创设计交流平台。该网站涉及交互设计、影视动漫、时尚文化等诸多创意产业。

http://www.aliued.cn/

阿里巴巴中国站 UED 成立于 1999年，全称是用户体验设计部，花名"有一点"，是阿里巴巴集团最资深的部门之一。你可以在这里阅读设计师们的文章。

http://mux.baidu.com/

百度无线用户体验部，是百度移动云事业部下的用户体验团队。负责百度无线搜索、百度、百度手机浏览器、百度手机输入法、百度云、百度手机助手等。在这里可以找到百度设计师们的很多设计文章。

http://cdc.tencent.com/

腾讯 CDC 致力于做世界一流的互联网设计团队，为用户创造优质在线生活体验。CDC 关注于互联网视觉设计、交互设计、用户研究、前端开发。在这个网站可以找到腾讯设计师们诸多设计帖子。

http://www.uisdc.com/

优秀网页设计联盟，SDC（Superior Design Consortium）是有着专业设计师交流氛围的设计联盟。坚持开放、分享、成长的宗旨，为广大设计师及设计爱好者提供免费的交流互动平台。

http://www.iguoguo.net/

爱果果（iguoguo）是一个专门从事酷站收藏、酷站欣赏、网页设计推荐、UI 推荐的网站。还提供优秀 UI 素材下载的网页设计分享，设计师的酷站收藏、酷站欣赏、UI 设计家园等功能。

图库资源

http://www.huaban.com/

用户可以将网上看见的一切信息都保存下来，上手简单，玩味无限。通过专属于"花瓣网"的浏览器插件——"采集到花瓣"，快速完成信息的收集。

http://www.duitang.com/

堆糖网是一个全新社区，主题是收集喜爱的事物，以图片的方式来展示和浏览。堆糖提供超快捷的图文收集工具，一键收集分享兴趣，还有各种兴趣主题小组。

http://appui.mobi/

APP UI 是最具人气的 APP 设计分享网站，它聚集了国内外众多的 App UI 设计师，是国内最活跃的 App 原创设计交流平台。

源文件下载

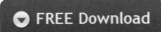

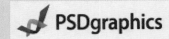

http://freepsdfiles.net/

免费素材下载网是一个提供多种素材的站点，免费 PSD 下载、免费模版、背景、插图、矢量图等。

http://www.psdgraphics.com/

该网站分类提供了很多 PSD 源文件，是国内外众多商业级 UI 设计师的作品交流园地。

http://psdblast.com/

该网站罗列了大量的 App UI 素材和 PSD 源文件提供免费下载，供网友们欣赏、学习和交流。

常用字体

Android 系统

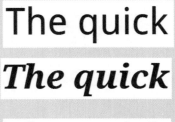

DroidSans-Bold.ttf

DroidSans.ttf

DroidSerif-BoldItalic.ttf

DroidSerif-Regular.ttf

iOS 系统

The quick

Helvetica.ttf

012345ABCDEF

STHeiti-Light.ttc

The quick

LockClock.ttf

012345ABCDEF

Helvetica_Neue.ttf

Windows Phone 系统

ABCDEFGH

SegoeWP.ttf

Zegoe

ZegoeWP.ttf

4.5.2　原型设计辅助工具

UI stencil kit

　　UI stencil kit模板套件对于UI的草图设计非常有帮助，并十分方便，它有针对iPhone、iPad和Android的模板，还有WEB应用的UI设计模板。除此以外，它还提供专用的模板笔和模板纸。

POP

　　用POP APP做出一款产品原型只需要五个工具：POP、iPhone、纸、笔和橡皮擦。让你轻松做出可在iPhone上演示的应用原型。

　　画图：在纸上画出完整构架图，最常规的几个页面、按钮、主流程跑通就好。

　　拍照：用POP拍下这些草图，应用会自动调整亮度和对比度使其清晰可见，存到POP APP内。

　　编辑：将拍下的照片按你理想中的顺序放置，利用链接点描摹出各个板块之间的逻辑关系，单击"Play"按钮就可以演示整个应用了。（网址：http://popapp.in/no-ie）。

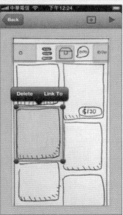

App Cooker

App Cooker不仅是一个创建原型的优秀工具，它提供的许多功能还可以帮助用户将程序发布到App store中。它集成了Dropbox，Box.net和photo roll，可以直接将图标和其他UI资源导入到原型设计工具中。用户可以利用渐变和填充等功能来创建简单的形状，并且可以访问几乎所有苹果默认提供的UI控件。如果你不准备进行更深入的图形设计，可以使用App Cooker将图片资源合理地放在一起，以创建一个粗糙的、统一的原型。App Cooker还有一个很容易使用的动态链接功能，通过该功能，可以把各种画面连接起来。

（网址：http://appcooker.com）

Fluid UI

Fluid UI是一款用于移动开发的Web原型设计工具，可以帮助设计师高效地完成产品原型设计。优点为无设备限制，无平台限制（Windows、Mac以及Linux系统），支持Chrome和Safari浏览器（Chrome浏览器上的APP也可离线使用）。采取拖曳的操作方式，不需要程序员来写代码。另外，Fluid UI资源库非常丰富，有针对iOS、Android以及Windows的资源。如果觉得库存资源不能满足个人的需求，也可以自行添加。

（网址：http://FluidUI.com）。

Section
4.6

● Level ────
◇◇◇◇

● Version ────
CS4 CS5 CS6 CC

蓝色炫光按钮图标设计

● 光盘路径
Chapter04/Media

Keyword　　钢笔工具、椭圆工具、图层样式

　　炫光多种多样、五彩缤纷、形状不一、绮丽无比，炫光按钮是手机上经常遇到的工具图案，它具有晶莹剔透的玻璃质感和五彩缤纷的色泽，让人爱不释手。

设计构思

　　本例中的蓝色炫光按钮图标直接醒目地传达了所要表达的信息，设计师先以蔚蓝色搭配光效绘制出透明的水晶质感底座，再使用沉稳的黑色绘制出立体的按钮主体部分，最后绘制上电源图标，辅以过渡色，制作完成一个逼真的蓝色炫光按钮图标。

01 新建文件 执行"文件 > 新建"命令，或按下快捷键 <Ctrl+N>，在弹出的"新建"对话框中，新建宽度和高度分别为 300 和 250 的像素，完成后单击"确定"按钮结束，如图 01 02 所示。

02 绘制背景 设置前景色为灰色（R:216，G:217，B:217），按下快捷键 <Alt+Delete> 为背景填充颜色，如图 03 04 所示。

03 绘制椭圆 单击工具栏中的"椭圆工具"按钮，在选项栏中选择工具的模式为"形状"，设置填充为蓝色（R：41，G：150，B：206），按下〈Shift〉键绘制正圆，得到"椭圆1"图层，如图 05 06 所示。

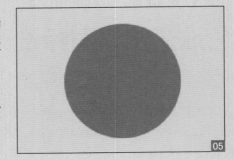

04 添加描边 单击图层面板下方的"添加图层样式"按钮，在弹出的下拉菜单中勾选"描边"命令，设置参数，添加描边，如图 07 08 所示。

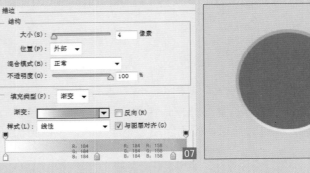

05 添加内阴影 单击图层面板下方的"添加图层样式"按钮，在弹出的下拉菜单中勾选"内阴影"命令，设置参数，添加内阴影，如图 09 10 所示 。

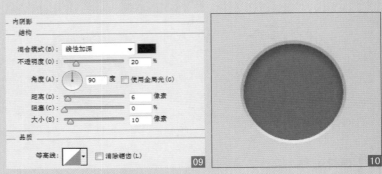

06 添加内发光 单击图层面板下方的"添加图层样式"按钮，在弹出的下拉菜单中勾选"内发光"命令，设置参数，添加内发光，如图 11 12 所示。

07 添加渐变叠加 单击图层面板下方的"添加图层样式"按钮，在弹出的下拉菜单中勾选"渐变叠加"命令，设置参数，添加渐变叠加，如图 13 14 所示。

08 绘制椭圆 单击工具栏中的"椭圆工具"按钮，在选项栏中选择工具的模式为"形状"，按下〈Shift〉键绘制正圆，得到"椭圆 2"图层，设置图层的填充为 0，如图 15 16 所示。

09 减去顶层形状 单击工具栏中的"椭圆工具"按钮，在选项栏中选择"减去顶层形状"选项，绘制椭圆，如图 17 18 所示。

10 添加渐变叠加 单击图层面板下方的"添加图层样式"按钮，在弹出的下拉菜单中勾选"渐变叠加"命令，设置参数，添加渐变叠加，如图 19 20 所示。

11 绘制椭圆 单击工具栏中的"椭圆工具"按钮，在选项栏中选择工具的模式为"形状"，按下〈Shift〉键绘制正圆，得到"椭圆 3"图层，设置图层的填充为 0，如图 21 22 所示。

12 减去顶层形状 单击工具栏中的"椭圆工具"按钮，在选项栏中选择"减去顶层形状"选项，绘制椭圆，如图 23 24 所示。

13 **添加渐变叠加** 单击图层面板下方的"添加图层样式"按钮,在弹出的下拉菜单中勾选"渐变叠加"命令,设置参数,添加渐变叠加,如图25 26所示。

14 **绘制椭圆** 单击工具栏中的"椭圆工具"按钮,在选项栏中选择工具的模式为"形状",设置填充为黑色,按下<Shift>键绘制正圆,得到"椭圆4"图层,如图27 28所示。

15 **添加渐变叠加** 单击图层面板下方的"添加图层样式"按钮,在弹出的下拉菜单中勾选"渐变叠加"命令,设置参数,添加渐变叠加,如图29 30所示。

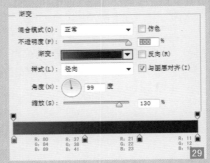

16 **绘制形状** 单击工具栏中的"钢笔工具"按钮,在选项栏中选择工具的模式为"形状",设置填充为白色,绘制形状,得到"形状1"图层,如图31 32所示。

17 **添加渐变叠加** 单击图层面板下方的"添加图层样式"按钮,在弹出的下拉菜单中勾选"渐变叠加"命令,设置参数,添加渐变叠加,如图33 34所示。

4.7

UI 设计师必读：图片格式

要了解图片格式的特性，首先得从一些基本概念开始。如果读者耐心把这部分内容读完，相信会有很多收获。

4.7.1　矢量图与像素图

1. 矢量图

一幅完美的几何图形矢量图是通过组成图形的点、线、面、边框、边框的粗细、颜色以及填充的颜色等一些基本元素，和计算的方式来显示图形的。这就像几何学里面描述一个圆可以通过它的圆心位置和半径来描述一样。通过这些数据，计算机就可以绘制出设计者所定义的图像。

任何东西都有两面性。矢量图的优点是文件相对较小，不管放大还是缩小都不会失真。缺点就是这些完美的几何图形难以表现自然度高的写实图像。

需要强调的是，大家在Web页面上所使用的图像都是位图，有些像矢量iCon等称为矢量图形其实也是通过矢量工具进行绘制然后再转成位图格式在Web上使用的。

2. 像素图

像素图又叫位图、栅格图。像素图是通过记录图像中每一个点的颜色、深度和透明度等信息来存储和显示图像的。一张像素图就是一幅大的拼图，每个拼块都是一个纯色的像素点，当人们按照一定规律把这些不同颜色的像素点排列在一起的时候，就是眼睛所看到的图像。因此当放大一幅像素图时，就能看到这些拼片一样的像素点。

像素图的优点是方便显示色彩层次比较丰富的写实图像。缺点是文件大小差别较大，放大或缩小图像就会失真，即不论放大或缩小，图片看起来都是比较虚的。

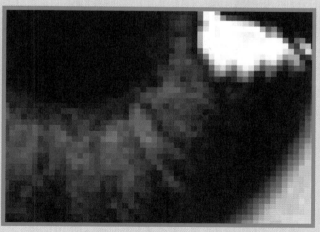

4.7.2　压缩格式

从上面的介绍中，可以知道对于存储摄影和写实图像，还是压缩格式JPG更适合。接下来，不妨找一张摄影作品试试。

上图是一幅照片，分别用JPG 60%、PNG8 256色　无仿色、PNG8 256色　扩散仿色和PNG24四种格式进行存储。很明显，用JPG存储图像的时候，不但压缩率是最大的，而且也能尽量保证原图的最佳还原效果。使用PNG8进行保存的时候，图像文件不仅大小变化大，而且失真也最严重。使用PNG24的格式保存，虽然能保证品质，但是文件大小要比JPG大得多。之所以会有这种结果，是因为JPG和PNG各自的压缩算法不同。

由于受到环境光线的影响，摄影以及写实作品在图像上的色彩层次很丰富。就拿下面这幅图片来说，由于反光、阴影和透视效果，人物腮部区域会形成明暗、深浅不同的区域。要是用PNG去保存，就需要不同明暗度的肤色去存储这个区域。PNG8的256色根本没有办法索引整张图片上出现的所有颜色，因此在存储的时候，就会因为丢失颜色而失真。PNG24虽然能保证图像的效果，但是需要比较广泛的色彩范围来进行存储，因此文件也会显得比较大，远远不如JPG的存储效果。因此，要压缩那些真实世界中复杂的色彩，还要保持还原最佳的视觉效果，JPG的压缩算法是最好的。

所以，可以得出以下结论：对于写实的摄影图像以及颜色层次比较丰富的图像，要想保存成图片格式，还要达到最佳的压缩效果，JPG的图片格式保存是最佳选择。比如，人像采集、商品图片和实物素材制作的广告Banner等图像采用JPG的图片格式保存，就比其他格式的要好得多。

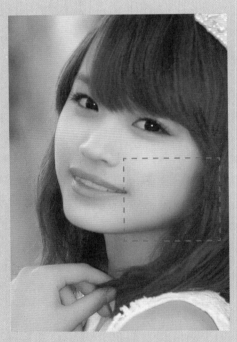 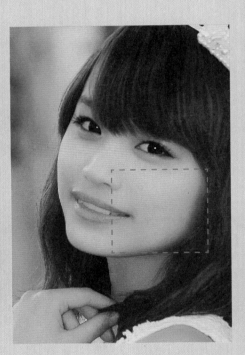

JPG品质60% 大小200K　　　　　　　　PNG8 256无仿色 大小260K

综上所述，我们在存储图像的时候，主要依据图像上的色彩层次和颜色数量选择采用JPG或是PNG。对于那些颜色较多、层次丰富的图像，就采用JPG存储；而针对一些颜色简单、对比强烈的图片就采用PNG。但是这也不是绝对一成不变的，比如有的图片虽然色彩层次丰富，但是图像尺寸较小，上面所包含的颜色数量也不多，这时候也可以采用PNG进行存储。还有那些由矢量工具绘制的图像，就需要采用JPG进行存储，因为它所采用较多的滤镜特效会形成丰富的色彩层次。

另外，针对一些用于背景、按钮、导航背景等页面结构的基本视觉元素，要保证设计的品质，就必须使用PNG格式进行存储。因为这样才能更好地加入一些元素。对于那些像商品图片和广告Banner等对质量要求不高的，用JPG去进行存储就可以了。

4.7.3　非压缩格式

非压缩格式是PNG格式。下图所示的是手机里最常见的一个"Search"图片按钮，笔者用JPG和PNG8两个格式分别进行保存，大家可以看到，JPG保存的文件不仅是PNG保存的文件大小的两倍，还出现了噪点。是什么原因造成这样的差异呢？

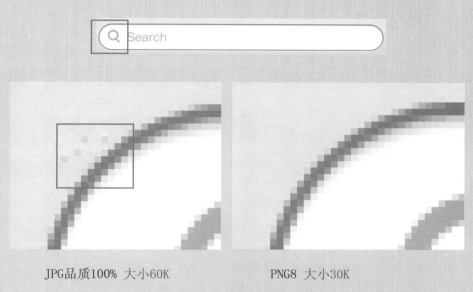

JPG品质100%　大小60K　　　　　　　PNG8　大小30K

从中可以看到，"Search"这个按钮是通过Photoshop用矢量工具绘制出来的，它的渐变填充是很规则的线性渐变，文字颜色和描边都采用的是纯色，因此它所包含的色彩信息很少。所以我们在用PNG存储这个图像的时候，只需要保存很少的色彩信息就能还原这个图像。而JPG格式存储这种颜色少但对比强烈的图片时，由于JPG格式的大小主要取决于图像的颜色层次，所以反而不能很好地压缩文件大小。

另外，根据有损压缩的压缩算法，JPG在压缩图像的时候，会通过渐变或其他方式填充一些被删除的数据信息。图中红色和白色的区域，由于色差较大，所以JPG在压缩过程中就会填充一些额外的杂色进去，这样就会影响图像的质量。所以，JPG不利于存储大块颜色相近区域的图像，也不利于存储亮度差异非常明显的图像。

4.7.4　有损压缩与无损压缩

1. 有损压缩

有损压缩，顾名思义就是在存储图像的时候，不完全真实地记录图像上每个像素点的数据信息。实验证明，人眼对光线的敏感度要比对颜色的敏感度高，当颜色缺失的时候，人脑就会利用与附近最接近的颜色来自动填补缺失的颜色。所以，有损压缩就根据人眼观察的这个特性对图像数据进行处理，去掉那些图像上会被人眼忽略的细节，再使用接近的颜色通过渐变以及其他形式进行填充。这样不仅降低了图像信息的数据量，还不会影响图像的还原效果。

图片放大后看到有损压缩的痕迹

　　最常采用的对图像信息进行处理的有损压缩是JPG格式。JPG在存储图像的时候，首先把图像分解成8×8像素的栅格，再对每个栅格的数据进行压缩处理。所以在放大一幅图像的时候，就会发现这些8×8像素栅格中有很多细节信息被删除。这就是用JPG存储图像会产生块状模糊的原因。

　　2．无损压缩

　　和有损压缩不一样，无损压缩会真实地记录图像上每个像素点的数据信息。为了压缩图像文件的大小，无损压缩还是会采取一些特殊的算法。无损压缩首先要判断图像上哪些区域的颜色是相同的，哪些是不同的，再把这些相同的数据信息进行压缩记录，最后把不同的数据另外保存。比如存储一幅蓝天白云的图片，一片蓝色的填空就属于相同的数据信息，只需要记录起点和终点的位置，天空上的白云和渐变等不同的数据，就要另外保存。

　　最常见的一种采用无损压缩的图片格式是PNG格式。因为无损压缩在存储图像的时候，要先判断图像上哪些地方是相同的，哪些地方是不同的，所以就要对图像上所有出现的颜色进行索引，这些颜色就是索引色。索引色和绘制这幅图像的调色板一样，PNG在显示图像的时候，就会用（索引色）调色板上的颜色去填充相应的位置。

　　有的时候，虽然PNG采用的是无损压缩的保存，可是PNG格式的图片还会失真。其实对于有损压缩来说，不管图像上的颜色有多少，都会损失图像信息。这是因为无损压缩的方式只会尽可能真实地还原图像，但是PNG格式是通过索引图像上相同区域的颜色进行压缩和还原的，也就是说只有在图像上出现的颜色数量比保存的颜色数量少的时候，无损压缩才能真实地记录和还原图像，要是图像上出现的颜色数量大于保存的颜色数量，就会丢失一些图像信息。像PNG格式最多才能保存48位颜色通道，PNG8最多只能索引256种颜色，因此对于颜色较多的图像就不能真实还原，而PNG24能保存1600多万种颜色，这样就能够真实还原人类肉眼所能分辨的所有颜色。

第 5 章

APP UI 中的光与影

本章收录了 4 个界面和图标的设计实践练习，包括图形绘制、图层样式技巧等操作。通过这些练习，可以使读者更加深刻地认识到光与影在设计中起到的重要作用。

关　键
知识点

- ☑ 矢量工具的应用
- ☑ 透视感和玻璃质感
- ☑ 图层样式
- ☑ 光与影

Section

5.1

● Level

◇◇◇

● Version

CS4 CS5 CS6 CC

晶莹剔透的玻璃质感

● 光盘路径

Chapter05/Media

| Keyword | 圆角矩形工具、路径转换选区、横版文字工具、图层样式 |

玻璃质感被广泛应用于设计中，可以说是设计师的宠儿。这不仅因为玻璃看上去玲珑剔透、透明质感非常好，还因为玻璃的反光会轻松营造出清新、唯美的感觉。

设计构思

本例先使用木质底纹素材做背景，再搭配晶莹剔透的玻璃，传达出一种干净利落的氛围，恰到好处的高光和阴影搭配使得画面十分逼真、写实。

01 新建文件 执行"文件 > 新建"命令，或按下快捷键 <Ctrl+O>，打开"新建"对话框，创建 1467×1250 像素的文档，完成后单击"确定"按钮，如图 01 02 所示。

02 导入素材 执行"文件 > 打开"命令，在弹出的打开对话框中选择"背景素材.jpg"，将其打开拖入到场景中，如图 03 04 所示。

03 绘制选区 单击工具箱中的"圆角矩形工具"按钮，在选项栏中设置工作模式为"路径"，像素为"40"。在页面上绘制路径，按下快捷键 <Ctrl+Enter>，将其转换为选区并新建一个阴影图层，如图 05 06 所示。

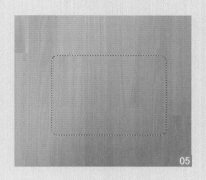

05

06

04 绘制阴影 按下快捷键 <Shift+F6>，在弹出的"羽化选区"对话框中设置羽化值。单击工具箱中的"渐变工具"按钮并进行设置，在选项栏中选择"径向渐变"选项，单击"点按可编辑渐变"按钮，在弹出的对话框中设置渐变颜色，在选区内拖拽并填充颜色，如图 07 08 09 所示。

07

08

09

10

05 添加图层蒙版 单击"图层面板"下方的"添加图层蒙版"按钮，为其添加蒙版。单击工具箱中的"画笔"按钮，在选项栏中设置参数，在页面上进行涂抹，将图像部分隐藏，如图 10 11 12 所示。

12

11

06 绘制圆角矩形 单击工具箱中的"圆角矩形工具"按钮，设置工作模式为"形状"，在页面上绘制形状。在"图层面板"中设置填充为 0%，并双击该图层，在弹出的"图层样式"对话框中选择"描边"和"颜色叠加"选项，设置参数，为其添加效果，如图 13 14 15 所示。

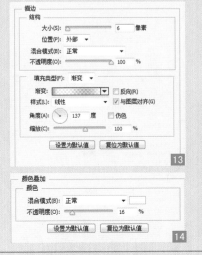

13

14

15

07 **复制形状** 复制"形状 1"图层,为"形状 1"拷贝图层,清除该图层的图层样式。再双击图层,在弹出的"图层样式"对话框中选择"描边"和"投影"选项,设置参数,为其添加效果,如图 16 17 18 所示。

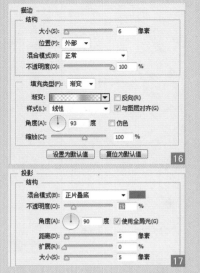

08 **绘制椭圆** 单击工具箱中的"椭圆工具"按钮,在选项栏中选择工具模式为"形状",按住〈Shift〉键在页面上绘制正圆,如图 19 20 所示。

09 **添加渐变叠加** 双击"形状2"图层,在弹出的"图层样式"对话框中,选择"渐变叠加"选项,设置参数,为其添加效果,如图 21 22 23 所示。

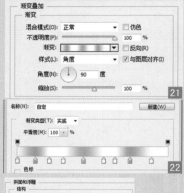

10 **添加斜面和浮雕** 双击"形状2"图层,在弹出的"图层样式"对话框中选择"斜面和浮雕"及"投影"选项,设置参数,为其添加效果,如图 24 25 26 所示。

11 **复制形状** 选择"形状 2" 图层，连续三次按下快捷键 <Ctrl+J>，将图层复制三次，如图 27 28 所示。

12 **导入素材** 执行"文件 > 打开"命令，在打开的对话框中选择"素材 1.psd"素材，将其打开并拖入到场景中，如图 29 30 所示。

13 **绘制圆角矩形** 单击工具箱中的"圆角矩形工具"按钮，设置工作模式为"形状"，在页面上绘制形状。在"图层面板"中设置填充为 0%，并双击该图层，在弹出的"图层样式"对话框中选择"内阴影"和"颜色叠加"选项，设置参数，为其添加效果，如图 31 32 33 所示。

14 **添加外发光** 双击"形状 3" 图层，在弹出的"图层样式"对话框中选择"外发光"和"投影"选项，设置参数，为其添加效果，如图 34 35 36 所示。

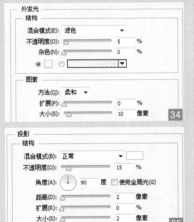

15 绘制形状 单击工具箱中的"圆角矩形工具"按钮,设置工作模式为"形状",在页面上绘制形状。在"图层面板"中设置填充为 0%,并双击该图层,在弹出的"图层样式"对话框中选择"内阴影"和"颜色叠加"选项,设置参数,为其添加效果,如图 37 38 39 所示。

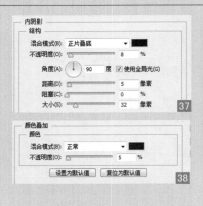

16 添加图层样式 双击"形状 4"图层,在弹出的"图层样式"对话框中选择"外发光"和"投影"选项,设置参数,为其添加效果,如图 40 41 42 所示。

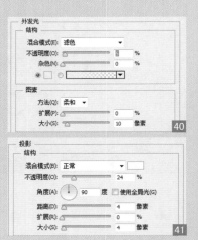

17 绘制圆角矩形 单击工具箱中的"圆角矩形工具"按钮,设置工作模式为"形状",在页面上绘制形状。在"图层面板"中设置填充为 0%,并双击该图层,在弹出的"图层样式"对话框中选择"内阴影"和"投影"选项,设置参数,为其添加效果,如图 43 44 45 所示。

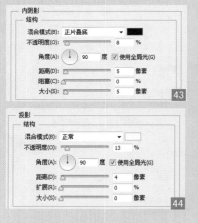

18 添加外发光 双击"形状 5"图层,在弹出的"图层样式"对话框中选择"外发光"选项,设置参数,为其添加效果,如图 46 47 所示。

19 绘制圆角矩形 单击工具箱中的"圆角矩形工具"按钮，设置工作模式为"形状"，在页面上绘制形状。在"图层面板"中设置填充为0%，并双击该图层，在弹出的"图层样式"对话框中选择"渐变叠加"和"投影"选项，设置参数，为其添加效果，如图 48 49 50 所示。

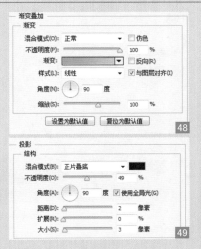

20 绘制矩形 单击工具箱中的"矩形工具"按钮，设置工作模式为"形状"，在页面上绘制形状。在"图层面板"中设置填充为0%，并双击该图层，在弹出的"图层样式"对话框中选择"颜色叠加"和"投影"选项，设置参数，为其添加效果，如图 51 52 53 所示。

21 添加文字 单击工具箱中的"文字工具"按钮，在"字符面板"中设置字体为"微软雅黑"，在页面中输入文字，如图 54 55 所示。

22 添加投影 分别双击各文字图层，在弹出的"图层样式"对话框中，选择"投影"选项，设置参数，为文字添加效果，如图 56 57 所示。

23 **绘制高光** 单击工具箱中的"钢笔工具"按钮，在页面中绘制封闭路径，按下快捷键〈Ctrl+Enter〉将其转换为选区，并新建一个图层为"高光1"图层，为选区填充白色，如图 58 59 所示。

24 **添加渐变叠加** 选择"高光1"图层，在"图层面板"中设置填充为0%，双击该图层，在弹出的"图层样式"对话框中，选择"渐变叠加"选项，设置参数，为其添加效果，如图60 61 所示。

25 **绘制高光** 单击工具箱中的"钢笔工具"按钮，在页面中绘制封闭路径，按下快捷键〈Ctrl+Enter〉将其转换为选区，并新建一个图层为"高光2"图层，为选区填充白色，如图 62 63 所示。

26 **添加渐变叠加** 选择"高光2"图层，在"图层面板"中设置填充为0%，双击该图层，在弹出的"图层样式"对话框中，选择"渐变叠加"选项，设置参数，为其添加效果，如图64 65 所示。

Section

5.2

● Level
◇◇◇

● Version

牛仔裤纹理的布料质感

● 光盘路径
Chapter05/Media

Keyword	钢笔工具、路径转换选区、横版文字工具、图层样式

　　牛仔裤的材质特点是布料厚实，质感很粗犷，设计中使用牛仔裤纹理布料会使怀旧意味更加强烈。牛仔裤由于料子的韧性与柔软，以及经过车床的打磨与日后的穿着会呈现大理石般的纹路，这些都是设计要点。

设计构思

　　本例主要制作牛仔裤纹理的背景，牛仔裤纹理制作的界面给人以怀旧、洒脱感觉，因为它的纹理很独特，颜色沉稳又不失神秘。设计者先制作出以牛仔裤纹理为背景的界面，再通过过渡色及凹凸效果绘制出盾牌，搭配文字以及颜色完成这个怀旧风格的盾牌。

01 新建文件 执行 "文件>新建" 命令，或按快捷键 <Ctrl+O>，打开 "新建" 对话框，创建 1122×633 像素的文档，完成后单击 "确定" 按钮，如图 01　02 所示。

02 绘制背景 双击 "背景" 图层，将其转换为普通图层，设前景色为黑色，按快捷键 <Alt+Delete> 填充颜色，如图 03　04 所示。

03 **添加图案叠加** 继续双击图层，在弹出的"图层样式"对话框中选择"图案叠加"选项，设置参数，为其添加效果，如图 05 06 所示。

04 **添加渐变叠加** 继续在"图层样式"中选择"渐变叠加"选项，设置参数，为其添加效果，如图 07 08 所示。

05 **绘制盾牌底部** 新建"盾牌底部"图层，单击工具箱中的"钢笔工具"按钮，在页面中绘制封闭路径，按快捷键<Ctrl+Enter>将路径转换为选区，单击工具箱中的"渐变工具"按钮，在选项栏中选择"线性渐变"，单击"点按可编辑渐变"按钮，在弹出的对话框中设置颜色参数，如图 09 10 11 所示。

06 **添加外发光** 双击"盾牌底部"图层，在弹出的"图层样式"对话框中选择"外发光"选项，设置参数，为其添加效果，如图 12 13 所示。

07 **添加描边** 继续在"图层样式"中选择"描边"选项，设置参数，为其添加效果，如图 14 15 所示。

08 添加投影 继续在"图层样式"中选择"投影"选项,设置参数,为其添加效果,如图 16 17 所示。

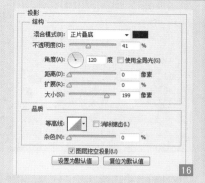

09 绘制形状 新建"右边"图层,单击工具箱中的"钢笔工具"按钮,在页面中绘制封闭路径,按快捷键〈Ctrl+Enter〉将路径转换为选区,设前景色为白色,按下快捷键〈Alt+Delete〉为选区填充颜色,如图 18 19 所示。

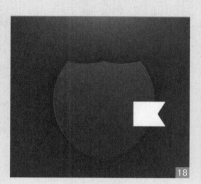

10 添加渐变叠加 双击"右边"图层,在弹出的"图层样式"对话框中选择"渐变叠加"选项,设置参数,为其添加效果,如图 20 21 所示。

11 添加图案叠加 继续在"图层样式"中选择"图案叠加"选项,设置参数,为其添加效果,如图 22 23 所示。

12 添加投影 继续在"图层样式"中选择"投影"选项,设置参数,为其添加效果,如图 24 25 所示。

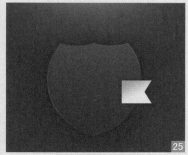

13 复制图层 继续在"图层样式"中选择"投影"选项,设置参数,为其添加效果,如图 26 27 所示。

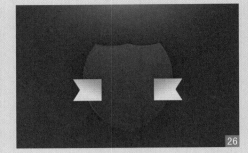

14 复制图层 新建"右边"图层,单击工具箱中的"钢笔工具"按钮,在页面中绘制封闭路径,按快捷键〈Ctrl+Enter〉将路径转换为选区,设前景色为白色,按下快捷键〈Alt+Delete〉为选区填充颜色,如图 28 29 所示。

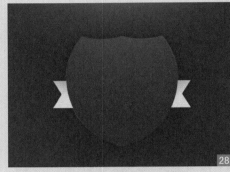

15 添加描边 在"图层面板"中设置"盾牌底部 拷贝"图层的填充为 0%,双击该图层,在弹出的"图层样式"对话框中选择"描边"选项,设置参数,为其添加效果,如图 30 31 所示。

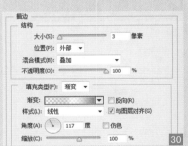

16 复制图层 选择"盾牌底部 拷贝"图层,按快捷键〈Ctrl+J〉,复制图层,选择复制的图层,将图层样式进行清除,双击该图层,在弹出的"图层样式"对话框中选择"图案叠加"选项,设置参数,为其添加效果,如图 32 33 所示。

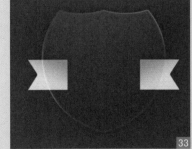

17 添加描边 继续在"图层样式"中选择"描边"选项,设置参数,为其添加效果,如图 34 35 所示。

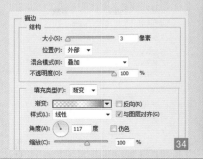

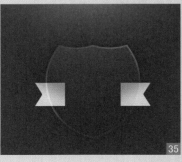

18 绘制选区 新建"盾牌底部 1"图层，单击工具箱中的"钢笔工具"按钮，在页面中绘制封闭路径，按快捷键 <Ctrl+Enter> 将路径转换为选区，为其填充黑色，在"图层面板"中设置填充为 0%。双击该图层，在弹出的"图层样式"对话框中选择"图案叠加"选项，设置参数，为其添加效果，如图36 37所示。

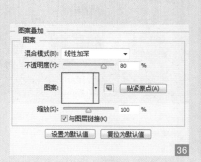

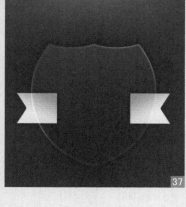

19 添加描边 继续在"图层样式"中选择"描边"选项，设置参数，为其添加效果，如图 38 39所示。

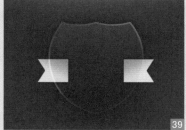

20 绘制选区 新建"盾牌底部 2"图层，单击工具箱中的"钢笔工具"按钮，在页面中绘制封闭路径，按快捷键 <Ctrl+Enter> 将路径转换为选区，为其填充黑色，在"图层面板"中设置填充为 0%。双击该图层，在弹出的"图层样式"对话框中选择"图案叠加"选项，设置参数，为其添加效果，如图40 41所示。

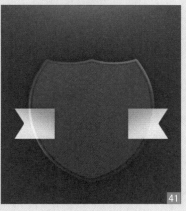

21 添加图层蒙版 选择"盾牌底部 2"图层，在"图层面板"下方单击"添加图层蒙版"按钮，使用"钢笔工具"在页面上绘制封闭路径，绘制完成后，将其转换为选区，为其填充黑色，将图像部分隐藏，如图42 43所示。

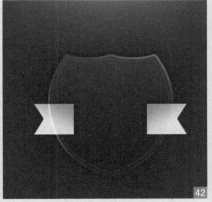

22 制作相似效果 综合上述方法制作出"盾牌底部3",如图 44 45 所示。

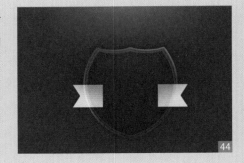

23 绘制形状 新建"中间"图层,单击工具箱中的"钢笔工具"按钮,在页面中绘制封闭路径,将路径转换为选区,为其填充白色。双击该图层,在弹出的"图层样式"对话框中选择"渐变叠加"选项,设置参数,为其添加效果,如图 46 47 所示。

24 添加描边 继续在"图层样式"中选择"描边"选项,设置参数,为其添加效果,如图 48 49 所示。

25 添加图案叠加 继续在"图层样式"中选择"图案叠加"选项,设置参数,为其添加效果,如图 50 51 所示。

26 绘制形状 单击工具箱中的"钢笔工具",在选项栏中选择工具模式为"形状",在选项栏中设置"描边"为"3点",颜色为浅灰色(R:182,G:182,B:182),选择"虚线"来绘制直线,如图 52 53 54 所示。

27 复制图层 选择"形状 1"图层，按快捷键 <Ctrl+J> 复制图层，选择复制的图层，按快捷键 <Ctrl+T>，将其缩放到合适的大小，并移动到合适的位置，按 <Enter> 确认，如图 55 56 所示。

28 添加文字 单击工具箱中的"文字工具"，在"字符"面板中，设置文字的"字体"和"字号"等参数，如图 57 58 所示。

29 添加图层样式 双击"文字"图层，在弹出的"图层样式"对话框中选择"图案叠加"和"投影"选项，设置参数，为其添加效果，如图 59 60 61 所示。

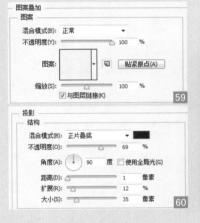

30 添加文字 单击工具箱中的"文字工具"，在"字符"面板中设置文字的"字体"和"字号"等参数，如图 62 63 所示。

31 **添加图层样式** 双击"文字"图层，在弹出的"图层样式"对话框中选择"内阴影"和"外发光"选项，设置参数，为其添加效果，如图 64 65 66 所示。

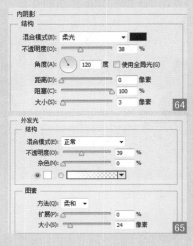

32 **文字变形** 使用同样的方法继续在页面上输入文字，在选项栏中单击"创建文字变形"，在弹出的对话框中选择"扇形"，设置参数，如图 67 68 69 所示。

33 **添加图层样式** 双击"文字"图层，在弹出的"图层样式"对话框中选择"颜色叠加"和"图案叠加"选项，设置参数，为其添加效果，如图 70 71 72 所示。

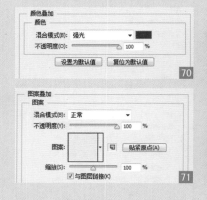

34 **绘制线条** 单击工具箱中的"铅笔"工具，在选项栏中设置铅笔的笔触以及其他参数，设置颜色为深灰色（R：52，G：53，B：52），并新建一个"线条"图层，在页面上绘制线条，如图 73 74 75 所示。

35 **添加文字** 单击工具箱中的"文字工具",在"字符"面板中,设置文字的"字体"和"字号"等参数,如图76 77所示。

36 **添加文字** 单击工具栏中的"横版文字工具"按钮,在选项栏中设置参数,输入文字,如图78 79 80所示。

37 **添加内阴影** 双击"文字"图层,在弹出的"图层样式"对话框中选择"内阴影"选项,设置参数,为其添加效果,如图81 82所示。

38 **添加投影** 继续在"图层样式"对话框中选择"投影"选项,设置参数,为其添加效果,如图83 84所示。

Section

5.3

● Level
◇◇◇◇
● Version
CS4 CS5 CS6 CC

清晰逼真的木纹质感

● 光盘路径
Chapter05/Media

Keyword   圆角矩形工具、矩形工具、椭圆工具、横版文字工具、图层样式

无论是现代网站设计还是复古网站设计，木纹元素的使用总是随处可见。不管是打印产品、界面设计或总体布局，木纹总是能增强视觉效果和冲击力。

 设计构思

本例制作的是木纹质感，设计师利用图层样式的叠加来绘制木纹质感背景，再添加上雕刻字体和图案，形成一个略带三维效果的设计，展现出非常强的木质感，甚至在其中还带有立体的光泽感。

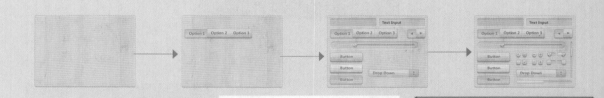

01 **打开文件** 执行"文件＞打开"命令，在弹出的对话框中选择"背景.jpg"素材，将其打开，如图 01 02 所示。

02 **绘制圆角矩形** 单击工具箱中的"圆角矩形工具"按钮，在选项栏中选择工具模式为"形状"，填充颜色为土黄色（R：231，G：198，B：147），半径为"4像素"，在页面上绘制形状，将图层名称改为"底部"，如图 03 04 05 所示。

03 添加描边　双击"底部"图层，在弹出的"图层样式"对话框中选择"描边"选项，设置参数，为其添加效果，如图 06 07 所示。

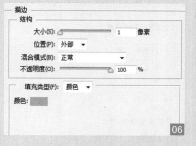

04 添加内阴影　继续在"图层样式"对话框中选择"内阴影"选项，设置参数，为其添加效果，如图 08 09 所示。

05 添加内发光　继续在"图层样式"对话框中选择"内发光"选项，设置参数，为其添加效果，如图 10 11 所示。

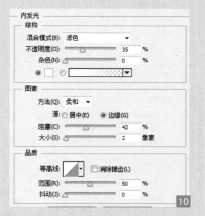

06 添加图案叠加　继续在"图层样式"对话框中选择"图案叠加"选项，设置参数，为其添加效果，如图 12 13 所示。

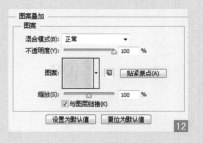

07 添加投影　继续在"图层样式"对话框中选择"投影"选项，设置参数，为其添加效果，如图 14 15 所示。

08 绘制矩形 单击工具箱中的"矩形工具"按钮，在"属性"面板中设置参数，在页面中绘制形状，如图16 17所示。

09 添加描边 双击"矩形1"图层，在弹出的"图层样式"对话框中选择"描边"选项，设置参数，为其添加效果，如图18 19所示。

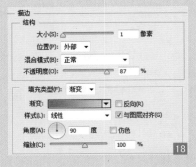

10 添加内阴影 继续在"图层样式"对话框中选择"内阴影"选项，设置参数，为其添加效果，如图20 21所示。

11 添加颜色叠加 继续在"图层样式"对话框中选择"颜色叠加"选项，设置参数，为其添加效果，如图22 23所示。

12 添加渐变叠加 继续在"图层样式"对话框中选择"渐变叠加"选项，设置参数，为其添加效果，如图24 25所示。

13 **添加图案叠加**　继续在"图层样式"对话框中选择"图案叠加"选项，设置参数，为其添加效果，如图 26　27 所示。

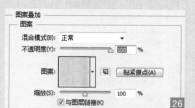

14 **添加投影**　继续在"图层样式"对话框中选择"投影"选项，设置参数，为其添加效果，如图 28　29 所示。

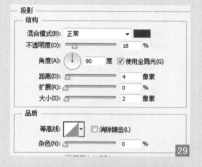

15 **绘制矩形**　单击工具箱中的"矩形工具"按钮，在"属性"面板中设置参数，在页面中绘制形状，如图 30　31 所示。

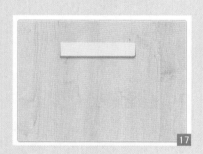

16 **添加描边**　双击"矩形 1"图层，在弹出的"图层样式"对话框中选择"描边"选项，设置参数，为其添加效果，如图 32　33 所示。

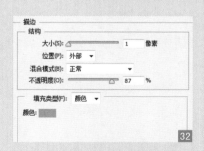

17 **添加内阴影**　继续在"图层样式"对话框中选择"内阴影"选项，设置参数，为其添加效果，如图 34　35 所示。

18 **添加渐变叠加** 继续在"图层样式"对话框中选择"渐变叠加"选项，设置参数，为其添加效果，如图36 37所示。

19 **添加图案叠加** 继续在"图层样式"对话框中选择"图案叠加"选项，设置参数，为其添加效果，如图38 39所示。

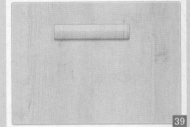

20 **添加内发光** 继续在"图层样式"对话框中选择"内发光"选项，设置参数，为其添加效果，如图40 41所示。

21 **复制图层** 选择"矩形1"图层，按快捷键〈Ctrl+J〉，复制图层，选择"矩形1拷贝"图层，按快捷键〈Ctrl+T〉，将图像进行"水平翻转"并改变大小，如图42 43所示。

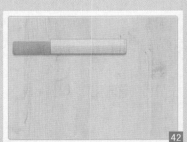

22 **添加投影** 双击"矩形1拷贝"图层，在弹出的"图层样式"对话框中重新设置投影的参数，改变效果，如图44 45所示。

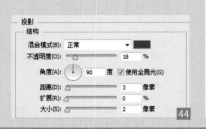

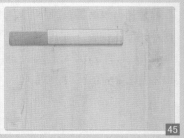

23 绘制矩形 单击工具箱中的"矩形工具"按钮，在"属性"面板中设置参数，在页面中绘制矩形，如图 46 47 所示。

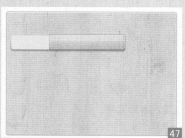

24 添加描边 双击"矩形 3"图层，在弹出的"图层样式"对话框中选择"描边"选项，设置参数，为其添加效果，如图 48 49 所示。

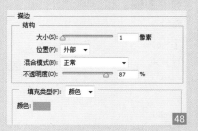

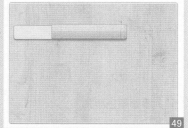

25 添加内阴影 继续在"图层样式"对话框中选择"内阴影"选项，设置参数，为其添加效果，如图 50 51 所示。

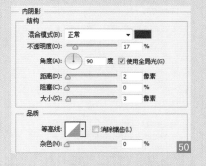

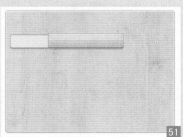

26 添加渐变叠加 继续在"图层样式"对话框中选择"渐变叠加"选项，设置参数，为其添加效果，如图 52 53 所示。

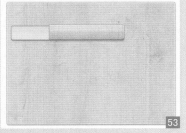

27 添加图案叠加 继续在"图层样式"对话框中选择"图案叠加"选项，设置参数，为其添加效果，如图 54 55 所示。

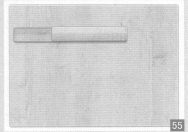

28 **添加内发光** 继续在"图层样式"对话框中选择"内发光"选项，设置参数，为其添加效果，如图 56 57 所示。

29 **添加文字** 单击工具箱中的"文字工具"按钮，在"字符"面板中设置的字体、字号、颜色等，在页面中输入文字，如图 58 59 所示。

30 **添加颜色叠加** 双击"文字"图层，在弹出的"图层样式"对话框中选择"颜色叠加"选项，设置参数如图 60 61 所示。

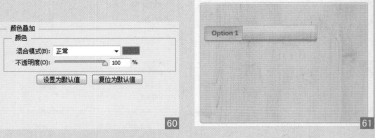

31 **添加外发光** 继续在"图层样式"对话框中选择"外发光"选项，设置参数，为其添加效果，如图 62 63 所示。

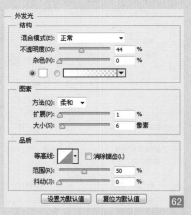
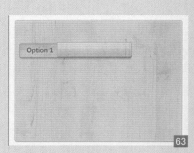

32 **添加文字** 使用同样的方法，制作其他文字，如图 64 65 所示。

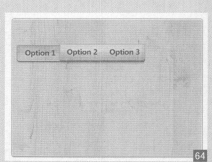

33 **绘制分割线** 单击工具箱中的"矩形工具"按钮，在选项栏中选择工具模式为"形状"，颜色为土黄色（R：207，G：161，B：104），在页面中绘制形状，将图层名称修改为"分割线"，如图 66 67 68 所示。

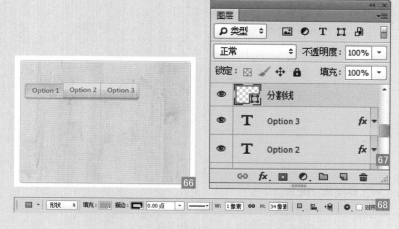

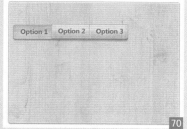

34 **添加投影** 双击"分割线"图层，在弹出的"图层样式"对话框中选择"投影"选项，设置参数，为其添加效果，如图 69 70 所示。

35 **复制矩形** 选择"矩形 1"图层，按快捷键 <Ctrl+J> 复制图层。选择"矩形 1 拷贝 2"图层，按快捷键 <Ctrl+T> 改变图像大小，如图 71 72 所示。

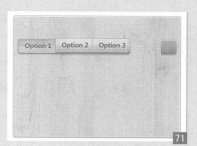

36 **复制矩形** 选择"矩形 2"图层，按快捷键 <Ctrl+J> 复制图层。选择"矩形 2 拷贝"图层，按快捷键 <Ctrl+T> 改变图像大小，如图 73 74 所示。

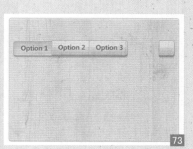

37 **添加内阴影** 选择"矩形 1 拷贝"图层，按快捷键 <Ctrl+J> 复制图层。选择"矩形 1 拷贝 3"图层，按快捷键 <Ctrl+T> 改变图像大小，如图 75 76 所示。

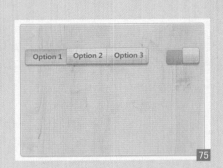

38 **添加渐变叠加** 选择"矩形 3"图层，按快捷键 <Ctrl+J> 复制图层。选择"矩形 3 拷贝"图层，按下快捷键 <Ctrl+T> 改变图像大小，如图 77 78 所示。

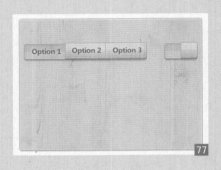

39 **添加图案叠加** 单击工具箱中的"多边形工具"按钮，在选项栏中选择工具模式为"形状"，边为"3"，之后单击选项栏中的"设置"按钮，在弹出的界面中取消勾选"星形"复选框，颜色为土黄色（R：207，G：161，B：104），在页面中绘制形状，将图层名称修改为"三角按钮"，如图 79 80 81 所示。

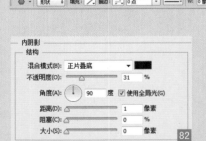

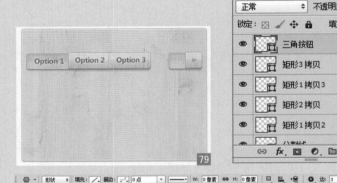

40 **添加内发光** 双击"三角按钮"图层，在弹出的"内阴影"对话框中选择"描边"选项，设置参数，为其添加效果，如图 82 83 所示。

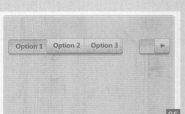

41 **复制图层** 继续在"图层样式"对话框中选择"颜色叠加"选项，设置参数，为其添加效果，如图 84 85 所示。

42 **添加投影** 继续在"图层样式"对话框中选择"外发光"选项,设置参数,为其添加效果,如图 86 87 所示。

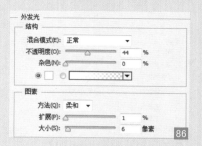

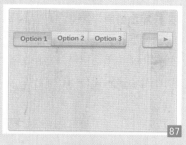

43 **绘制分割线** 选择"三角按钮"图层,按快捷键<Ctrl+J>复制图层。选择"三角按钮拷贝"图层,按快捷键<Ctrl+T>将图像进行"水平翻转",移动到合适的位置,如图 88 89 所示。

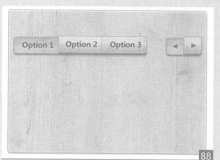

44 **添加投影** 使用上述方法,制作出多个木条效果按钮,如图 90 91 所示。

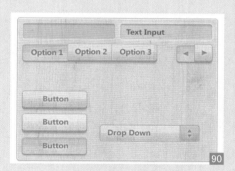

45 **复制矩形** 单击工具箱中的"圆角矩形工具"按钮,在选项栏中选择工具模式为"形状",半径为"75"像素,在页面中绘制形状,在图层面板中设置图层的"填充"为0%。双击"圆角矩形 4"图层,在弹出的"图层样式"对话框中选择"内阴影"选项,设置参数,为其添加效果,如图 92 93 94 所示。

46 **复制矩形** 继续在"图层样式"对话框中选择"颜色叠加"选项,设置参数,为其添加效果,如图 95 96 所示。

47 **添加投影** 继续在"图层样式"对话框中选择"投影"选项，设置参数，为其添加效果，如图 97 98 所示。

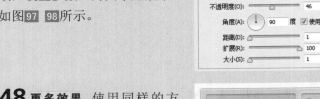 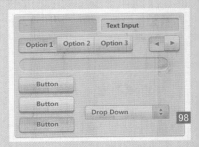

48 **更多效果** 使用同样的方法，再来制作一个木条效果的滑动进度条，如图 99 100 所示。

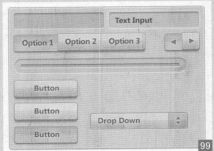 

49 **绘制圆角矩形** 单击工具箱中的"圆角矩形工具"按钮，在选项栏中选择工具模式为"形状"，颜色为土黄色（R：207，G：161，B：104），半径为"75"像素，在页面中绘制形状，如图 101 102 所示。

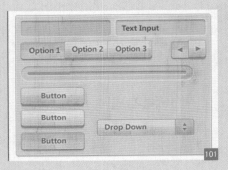 

50 **添加描边** 双击"圆角矩形6"图层，在弹出的"图层样式"对话框中选择"描边"选项，设置参数，为其添加效果，如图 103 104 所示。

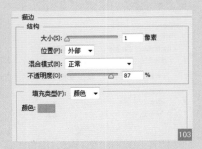 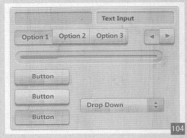

51 **添加内阴影** 继续在"图层样式"对话框中选择"内阴影"选项，设置参数，为其添加效果，如图 105 106 所示。

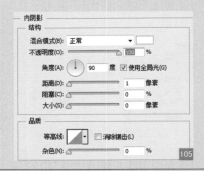 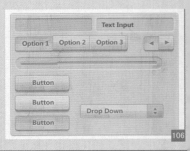

52 添加内发光 继续在"图层样式"对话框中选择"内发光"选项，设置参数，为其添加效果，如图 107 108 所示。

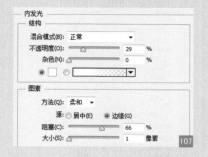
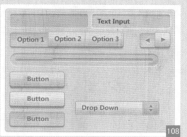

53 添加渐变叠加 继续在"图层样式"对话框中选择"渐变叠加"选项，设置参数，为其添加效果，如图 109 110 所示。

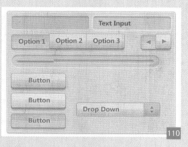

54 添加图案叠加 继续在"图层样式"对话框中选择"图案叠加"选项，设置参数，为其添加效果，如图 111 112 所示。

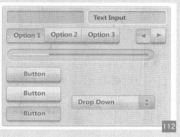

55 绘制圆形 单击工具箱中的"椭圆工具"按钮，在选项栏中选择工具模式为"形状"，颜色为灰色（R：229，G：231，B：234），按住〈Shift〉键，在页面中绘制正圆，如图 113 114 所示。

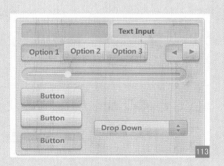

56 添加渐变叠加 双击"椭圆1"图层，在弹出的"图层样式"对话框中选择"渐变叠加"选项，设置参数，为其添加效果，如图 115 116 所示。

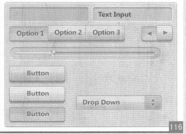

57 添加斜面和浮雕 继续在"图层样式"对话框中选择"斜面和浮雕"选项,设置参数,为其添加效果,如图 117 118 所示。

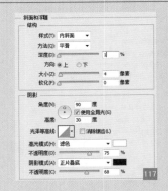

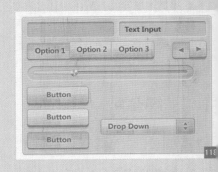

58 添加描边 继续在"图层样式"对话框中选择"描边"选项,设置参数,为其添加效果,如图 119 120 所示。

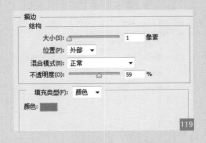

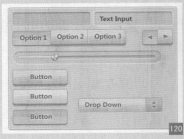

59 添加投影 继续在"图层样式"对话框中选择"投影"选项,设置参数,为其添加效果,如图 121 122 所示。

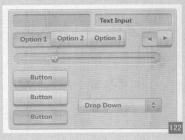

60 绘制椭圆 单击工具箱中的"椭圆工具"按钮,在选项栏中选择工具模式为"形状",颜色为土黄色(R:207,G:161,B:104),按住〈Shift〉键,在页面中绘制正圆,如图 123 124 所示。

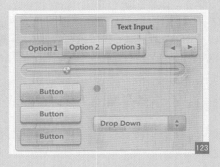

61 添加渐变叠加 双击"椭圆2"图层,在弹出的"图层样式"对话框中选择"渐变叠加"选项,设置参数,为其添加效果,如图 125 126 所示。

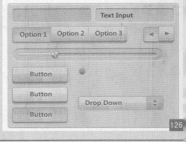

62 **添加描边** 继续在"图层样式"对话框中选择"描边"选项，设置参数，为其添加效果，如图 127 128 所示。

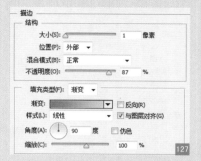

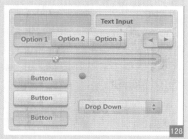

63 **添加渐变叠加** 继续在"图层样式"对话框中选择"颜色叠加"选项，设置参数，为其添加效果，如图 129 130 所示。

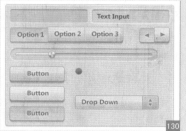

64 **添加图案叠加** 继续在"图层样式"对话框中选择"图案叠加"选项，设置参数，为其添加效果，如图 131 132 所示。

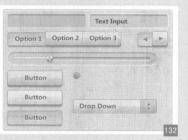

65 **添加投影** 继续在"图层样式"对话框中选择"投影"选项，设置参数，为其添加效果，如图 133 134 所示。

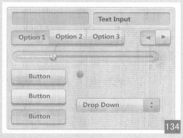

66 **绘制椭圆** 单击工具箱中的"椭圆工具"按钮，在选项栏中选择工具模式为"形状"，颜色为灰色（R：207，G：161，B：104），按住〈Shift〉键，在页面中绘制正圆，如图 135 136 所示。

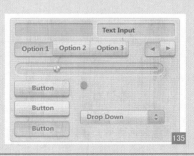

67 **添加描边** 双击"椭圆 3"图层，在弹出的"图层样式"对话框中选择"描边"选项，设置参数，为其添加效果，如图137 138所示。

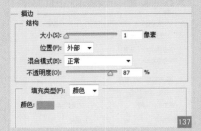
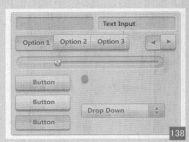

68 **添加内阴影** 继续在"图层样式"对话框中选择"内阴影"选项，设置参数，为其添加效果，如图139 140所示。

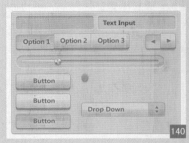

69 **添加内发光** 继续在"图层样式"对话框中选择"内发光"选项，设置参数，为其添加效果，如图141 142所示。

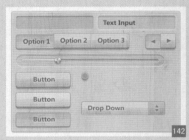

70 **添加渐变叠加** 继续在"图层样式"对话框中选择"渐变叠加"选项，设置参数，为其添加效果，如图143 144所示。

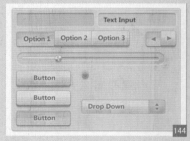

71 **添加图案叠加** 继续在"图层样式"对话框中选择"渐变叠加"选项，设置参数，为其添加效果，如图145 146所示。

72 添加内阴影 单击工具箱中的"椭圆工具"按钮,在选项栏中选择工具模式为"形状"。按住〈Shift〉键,在页面中绘制正圆,在"图层面板"中设置填充为0%。双击"椭圆4"图层,在弹出的"图层样式"对话框中选择"内阴影"选项,设置参数,为其添加效果,如图147 148 149所示。

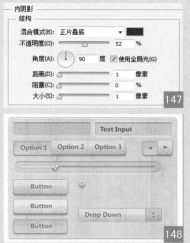

73 添加颜色叠加 继续在"图层样式"对话框中选择"颜色叠加"选项,设置参数,为其添加效果,如图150 151所示。

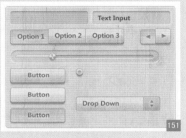

74 添加投影 继续在"图层样式"对话框中选择"投影"选项,设置参数,为其添加效果,如图152 153所示。

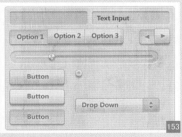

75 完成作品 使用同样的方法,制作其他效果,最终效果如图154 155所示。

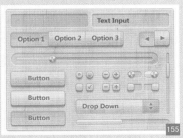

纸箱质感的界面制作

Section 5.4

● Level
◇◇◇◇
● Version
CS4 CS5 CS6 CC

● 光盘路径
Chapter05/Media

Keyword 圆角矩形工具、钢笔工具、椭圆工具、图层样式

纸箱是当前应用最广泛的包装制品，它的特点是质感厚重却又轻巧便于携带。它特有的颜色和质感使其个性鲜明，容易营造出沉稳、踏实的氛围。

设计构思

设计师以纸箱素材做背景，选择与纸箱颜色相近的土黄色绘制图标，利用图层样式制作出立体的纸箱质感按钮。多样的按钮造型设计使界面看起来多样化又不失沉稳，很好地利用了纸箱的质感特点。

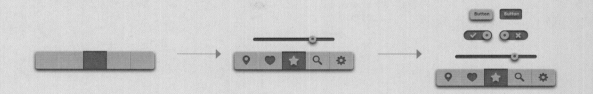

01 打开文件 执行"文件 > 打开"命令，在弹出的对话框中，选择"背景素材 . jpg"素材，将其打开，如图 01 02 所示。

02 绘制圆角矩形 单击工具箱中的"圆角矩形工具"按钮，在选项栏中选择工具模式为"形状"，颜色为土黄色（R：199，G：157，B：160），半径为"3 像素"，在页面上绘制形状，如图 03 04 05 所示。

03 添加斜面和浮雕　双击"圆
角矩形 1"图层，在弹出的"图
层样式"对话框中选择"斜面
和浮雕"选项，设置参数，为
其添加效果，如图 06 07 所示。

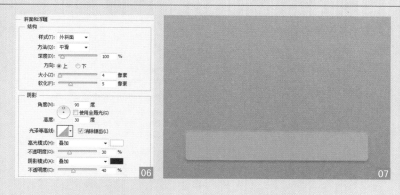

04 添加内阴影　继续在"图层
样式"对话框中选择"内阴影"
选项，设置参数，为其添加效
果，如图 08 09 所示。

05 添加渐变叠加　继续在"图
层样式"对话框中选择"渐变
叠加"选项，设置参数，为其
添加效果，如图 10 11 所示。

06 添加投影　继续在"图层样
式"对话框中选择"投影"选
项，设置参数，为其添加效果，
如图 12 13 所示。

07 绘制矩形影　单击工具箱中
的"矩形工具"按钮，在选项
栏中选择工具模式为"形状"，
颜色为土黄色（R：147，G：
102，B：62），在页面上绘制
形状，将图层名称修改为"分割
线"，"图层"面板中设置填充
为 80%，如图 14 15 所示。

08 **添加投影** 双击"分割线"图层，在弹出的"图层样式"对话框中选择"投影"选项，设置参数，为其添加效果，如图 16 17 所示。

09 **复制图层** 选择"分割线"图层，连续两次按快捷键 <Ctrl+J>，将图层复制两次，如图 18 19 所示。

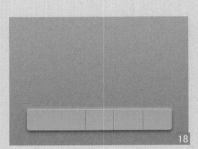

10 **更多效果** 使用同样的方法，制作出其他分割线，如图 20 21 所示。

11 **绘制矩形** 单击工具箱中的"矩形工具"按钮，在选项栏中选择工具模式为"形状"，颜色为土黄色（R：142，G：96，B：55），在页面上绘制形状，在"图层"面板中设置填充为80%，如图 22 23 所示。

12 **添加内阴影** 双击"矩形1"图层，在弹出的"图层样式"对话框中选择"内阴影"选项，设置参数，为其添加效果，如图 24 25 所示。

13 **添加内发光** 继续在"图层样式"对话框中选择"内发光"选项，设置参数，为其添加效果，如图26 27所示。

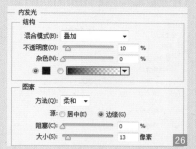

14 **添加渐变叠加** 继续在"图层样式"对话框中选择"渐变叠加"选项，设置参数，为其添加效果，如图28 29所示。

15 **绘制矩形** 单击工具箱中的"钢笔工具"按钮，在选项栏中选择工具模式为"形状"，颜色为土黄色（R：142，G：96，B：55），在页面上绘制形状，在"图层"面板中设置填充为80%，如图30 31所示。

16 **添加内阴影** 双击"形状1"图层，在弹出的"图层样式"对话框中选择"内阴影"选项，设置参数，为其添加效果，如图32 33所示。

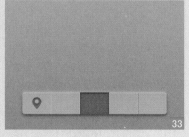

17 **添加内发光** 继续在"图层样式"对话框中选择"内发光"选项，设置参数，为其添加效果，如图34 35所示。

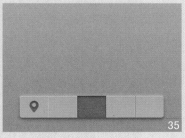

18 添加渐变叠加 继续在"图层样式"对话框中选择"渐变叠加"选项，设置参数，为其添加效果，如图 36 37 所示。

19 添加投影 继续在"图层样式"对话框中选择"投影"选项，设置参数，为其添加效果，如图 38 39 所示。

20 更多形状 使用同样的方法，制作出其他形状，如图 40 41 所示 。

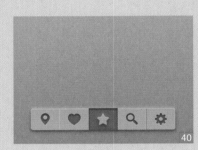

21 绘制圆角矩形 单击工具箱中的"圆角矩形工具"按钮，在选项栏中选择工具模式为"形状"，颜色为土黄色（R：137，G：91，B：52），半径为"100 像素"，在页面上绘制形状，在"图层"面板中设置填充为 80%，如图 42 43 所示。

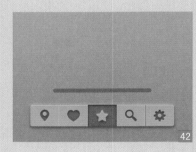

22 添加内阴影 双击"圆角矩形"图层，在弹出的"图层样式"对话框中选择"内阴影"选项，设置参数，为其添加效果，如图 44 45 所示。

23 **添加内发光** 继续在"图层样式"对话框中选择"内发光"选项，设置参数，为其添加效果，如图 46 47 所示。

24 **添加渐变叠加** 继续在"图层样式"对话框中选择"渐变叠加"选项，设置参数，为其添加效果，如图 48 49 所示。

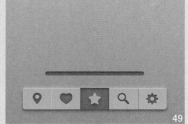

25 **添加投影** 继续在"图层样式"对话框中选择"投影"选项，设置参数，为其添加效果，如图 50 51 所示。

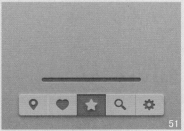

26 **更多形状** 使用同样的方法，制作出其他形状，如图 52 53 所示。

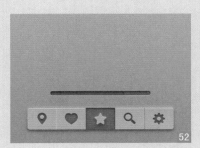

27 **绘制椭圆** 单击工具箱中的"椭圆工具"按钮，在选项栏中选择工具模式为"形状"，颜色为土黄色（R：199，G：157，B：106），按住〈Shift〉键，在页面上绘制正圆形状，如图 54 55 所示。

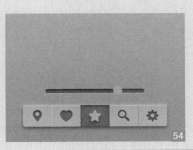

28 **添加斜面和浮雕** 双击"椭圆1"图层，在弹出的"图层样式"对话框中选择"斜面和浮雕"选项，设置参数，为其添加效果，如图 56 57 所示。

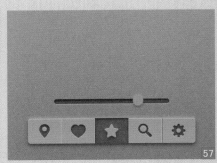

29 **添加内阴影** 继续在"图层样式"对话框中选择"内阴影"选项，设置参数，为其添加效果，如图 58 59 所示。

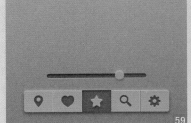

30 **添加渐变叠加** 继续在"图层样式"对话框中选择"渐变叠加"选项，设置参数，为其添加效果，如图 60 61 所示。

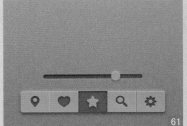

31 **添加投影** 继续在"图层样式"对话框中选择"投影"选项，设置参数，为其添加效果，如图 62 63 所示。

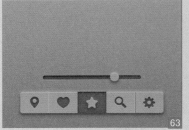

32 **绘制椭圆** 使用同样的方法，制作出另一个圆形，在"图层"面板中设置"椭圆2"的填充为20%，如图 64 65 所示。

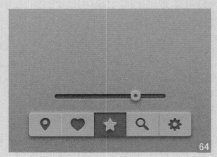

33 更多形状 使用同样的方法，制作出其他形状，如图 66 67 所示。

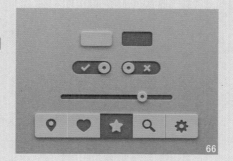

34 添加文字 单击工具箱中的"横版文字工具"按钮，在选项栏中设置文字的字体为"微软雅黑"，字号为"12"，颜色为（R：127，G：79，B：40），在页面上输入文字，在"图层"面板中设置填充为 80%，如图 68 69 所示。

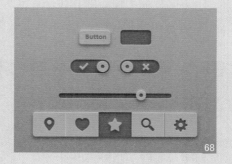

35 添加内阴影 双击文字图层，在弹出的"图层样式"对话框中选择"内阴影"选项，设置参数，为其添加效果，如图 70 71 所示。

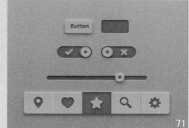

36 添加内发光 继续在"图层样式"对话框中选择"内发光"选项，设置参数，为其添加效果，如图 72 73 所示。

37 录入其他文字 使用同样的方法，继续制作文字，如图 74 75 所示。

5.5
UI 设计师必读：手机 UI 中的颜色搭配

5.5.1　简约配色

手机UI的配色最好不要超过三种。常见的色相有赤橙黄绿青蓝紫等，色相差异如果比较明显，主要色彩的选取就容易多了。我们可以选择对比色、临近色、冷暖色调互补等方式，也可以直接从成功作品中借鉴主辅色调配，像朱红点缀深蓝和明黄点缀深绿等色相。话虽如此，但是设计需求在实际的色彩分配上还是会出现很多复杂的问题。

如上图所示，根据画面信息的多少，会有更多色彩区域的层级划分和文字信息层级区分需求，那么在守住"配色的色彩（相）不超过三种"的原则下，只能寻找更多同色系的色彩来完善设计，也就是在"饱和度"和"明度（即透明度）"上做文章。

5.5.2　混合特效

在设计过程中，只要抓住叠加、柔光和透明度（在Photoshop中主要参数为"不透明度"）这三个关键词就可以了。但需要注意的是，透明度和填充不一样，透明度是作用于整个图层，而填充则不会影响到"混合选项"的效果。

在讲叠加和柔光之前，我们先了解一下配色技巧的原理：用纯白色和纯黑色通过"叠加"和"柔光"的混合模式，再选择一个色彩得到最匹配的颜色。就像调整饱和度和明度，再通过调整透明度选取最适合的辅色一样。

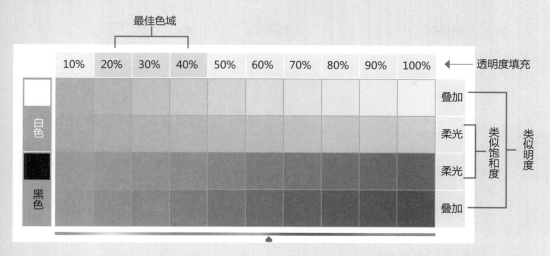

如上图所示，只要调整叠加/柔光模式的黑白色块的10%到100%的透明度就可以得到差异较明显的40种配色，通过这种技巧，每一种颜色都能轻易获得失误是0且无穷尽的"天然配色。因为叠加和柔光模式对图像内的最高亮部分和最阴影部分无调整，所以这种配色方法对纯黑色和纯白色不起任何作用。

5.5.3　具体案例

通过前面的讲解，我们也试着做一个小案例吧！相信只要理解了上面的方法，就可以在你的设计工作中自由发挥。步骤如下。

（1）选择一个黑色或白色或黑白渐变点、线、面或者字体。

（2）通过混合模式里选择叠加或柔光。

（3）调整不透明度，从1%到100%随意调试，也可以直接输入一个整数值。轻质感类画面我们可以选择20%到40%的透明度，重质感类画面可以选择60%以上。

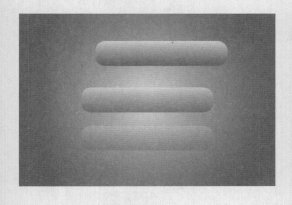

方法延伸：依照前面的方法，再将其运用到某一个按钮上。通过依次调整混合选项中的"阴影、外发光、描边、内阴影、内发光"等参数看不同的效果。

第 6 章

炫酷字体

本章主要收录了3个有特色的文字设计制作实战练习，包括添加斜面和浮雕、渐变叠加、图案叠加等制作过程，使读者不仅能看到实例中的具体操作过程，还能学到更高级的操作技巧。

关　键
知识点

- ☑ 金属质感表现
- ☑ 卡通字体表现
- ☑ 钻石字体表现
- ☑ 岩石字体表现

Section 6.1 炫酷蓝色金属字体

● Level
◇◇◇
● Version
CS4 CS5 CS6 CC

● 光盘路径
Chapter06/Media

Keyword 横版文字工具、椭圆工具、图层样式、通道混合器

金属具有特定的色彩和光泽，强度大，棱角分明。金属字体具有微凸状及金属光泽等特征，以达到在视觉上呈现出有立体感及质感的目的。

设计构思

设计师采用光泽渐变叠加等为文字制作出金属特有的生锈的质感，再利用斜面和浮雕、投影制作出厚度和立体感，接着为文字添加与画面相配的颜色，最后对整体色调进行统一的调整。

01 打开文件 执行"文件 > 打开"命令，在弹出的对话框中选择"背景素材.jpg"素材，将其打开，如图 01 02 所示。

02 导入素材 执行"文件 > 打开"命令，在弹出的对话框中选择"光效.psd""盒子.psd"和"三角.psd"素材，将其打开并拖入到场景中，如图 03 04 所示。

03 绘制扬声器 单击工具箱中的"椭圆工具"按钮，在选项栏中设置工作模式为"像素"。按住〈Shift〉键，在页面上绘制正圆形状，将图层名称修改为"扬声器"，如图 05 06 所示。

04 添加内阴影 双击"扬声器"图层，在弹出的"图层样式"对话框中选择"内阴影"选项，设置参数，为其添加效果，如图 07 08 所示。

05 添加颜色叠加 继续在"图层样式"对话框中选择"颜色叠加"选项，设置参数，为其添加效果，如图 09 10 所示。

06 添加图案叠加 继续在"图层样式"对话框中选择"颜色叠加"选项，设置参数，为其添加效果，如图 11 12 所示。

07 添加文字 单击工具箱中的"横版文字工具"按钮，在选项栏中设置文字的字体为"Pump Demi Bold"，字号为"126.8"，颜色为紫色（R:155，G:121，B:143），在页面上输入相应文字，如图 13 14 所示。

08 添加光泽 双击"文字"图层,在弹出的"图层样式"对话框中选择"光泽"选项,设置参数,为其添加效果,如图 15 16 所示。

09 添加渐变叠加 继续在"图层样式"对话框中选择"渐变叠加"选项,设置参数,为其添加效果,如图 17 18 所示。

10 添加投影 继续在"图层样式"对话框中选择"投影"选项,设置参数,为其添加效果,如图 19 20 所示。

11 绘制其他文字 使用同样的方法制作出其他效果的"ECHO"文字,在图层面板中分别将新制作的"ECHO"文字图层的填充调整为 0%,如图 21 22 所示。

12 添加文字 单击工具箱中的"横版文字工具"按钮,在选项栏中设置文字的字体为"Pristina",字号为"88",颜色为白色。之后在页面上输入文字,如图 23 24 所示。

13 添加内阴影 双击"文字"图层，在弹出的"图层样式"对话框中选择"内阴影"选项，设置参数，为其添加效果，如图 25 26 所示。

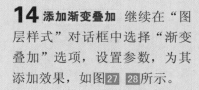

14 添加渐变叠加 继续在"图层样式"对话框中选择"渐变叠加"选项，设置参数，为其添加效果，如图 27 28 所示。

15 添加颜色叠加 继续在"图层样式"对话框中选择"颜色叠加"选项，设置参数，为其添加效果，如图 29 30 所示。

16 添加投影 继续在"图层样式"对话框中选择"投影"选项，设置参数，为其添加效果，如图 31 32 所示。

17 添加通道混合器 单击"图层面板"下方的"创建新的填充或调整图层"按钮，在弹出的下拉菜单中选择"通道混合器"命令，在弹出的对话框中设置参数，对图像的整体进行调整，如图 33 34 35 36 37 所示。

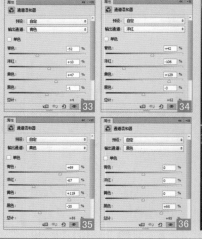

18 **删除蒙版**　选择"通道混合器1"图层,将其图层蒙版删除,并在"图层"面板中将图层的不透明度调整为16%,混合模式调整为"正片叠底",如图 38 39 所示。

19 **创建新的通道混合器**　使用同样的方法,继续创建一个新的通道混合器图层并命名为"通道混合器2"图层,设置参数,添加效果,如图 40 41 42 43 44 所示。

20 **删除蒙版**　选择"通道混合器2"图层,将其图层蒙版删除,并在"图层"面板中将图层的不透明度调整为86%,如图 45 46 所示。

21 添加渐变映射 单击"图层"面板下方的"创建新的填充或调整图层"按钮，在弹出的下拉菜单中选择"渐变映射"命令，在弹出的对话框中设置参数，对图像的整体进行调整，如图 47 48 所示。

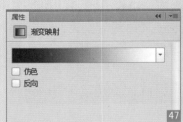

22 删除蒙版 选择"渐变映射1"图层，将其图层蒙版删除，并在"图层"面板中将图层的不透明度调整为12%，混合模式调整为"叠加"，如图 49 50 所示。

23 添加色阶 单击"图层"面板下方的"创建新的填充或调整图层"按钮，在弹出的下拉菜单中选择"色阶"命令，在弹出的对话框中设置参数，对图像的整体进行调整，如图 51 52 所示。

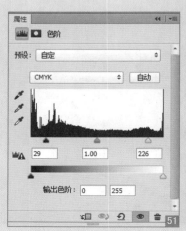

24 添加色相/饱和度 单击"图层"面板下方的"创建新的填充或调整图层"按钮，在弹出的下拉菜单中选择"色相/饱和度"命令，在弹出的对话框中设置参数，对图像的整体进行调整，如图 53 54 所示。

25 删除蒙版 选择"色相/饱和度 1"图层，将其图层蒙版删除，并在"图层"面板中将图层的不透明度调整为 41%，如图 55 56 所示。

26 添加色阶 单击"图层"面板下方的"创建新的填充或调整图层"按钮，在弹出的下拉菜单中选择"色阶"命令，在弹出的对话框中设置参数，对图像的整体进行调整，如图 57 58 所示。

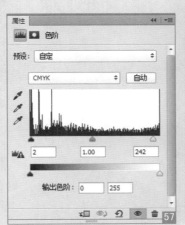

27 **调整不透明度** 选择"色阶2"图层，在"图层"面板中将图层的不透明度调整为78%，如图59 60所示。

28 **添加纯色** 单击"图层"面板下方的"创建新的填充或调整图层"按钮，在弹出的下拉菜单中选择"纯色"命令，在弹出的对话框中设置参数，对图像的整体进行调整，如图61 62所示。

29 **绘制细节** 选择"纯色1"图层蒙版的缩览图，设置前景色为黑色，使用"画笔工具"在页面上进行涂抹，隐藏部分效果。在"图层"面板中调整图层的混合模式为"颜色减淡（添加）"，最终效果如图63 64所示。

● 光盘路径

Chapter06/Media

Section 6.2

钻石字体表现

● Level
◇◇◇

● Version
CS4 CS5 CS6 CC

Keyword　　横版文字工具、图层样式

　　钻石是美丽、浪漫、奢华的象征，以钻石为创作灵感设计出的钻石字体是一款带有钻石效果的中文字体，适用于艺术设计、平面设计等工作。这样的字体完美诠释了钻石闪耀夺目的特点。

设计构思

　　本例中钻石字体的制作主要利用了多种图层样式的叠加方法。设计师先通过斜面和浮雕、投影等让文字具有立体感，再通过描边、渐变叠加等使文字具有金属色泽，最后通过图案叠加完成闪闪发光的钻石文字效果。

01 打开文件　执行"文件 > 打开"命令，在弹出的对话框中选择"背景素材 . jpg"素材，将其打开，如图 01 02 所示。

02 绘制投影　单击工具箱中的"横版文字工具"，在选项栏中设置字体颜色为黑色，字体为"方正超粗黑 _GBK"，字号为"72 点"，在页面上输入相应文字，如图 03 04 05 所示。

03 添加投影 双击文字图层，在弹出的"图层样式"对话框中选择"投影"选项，设置参数，为其添加效果，如图06 07所示。

04 添加文字 使用"横版文字工具"，继续在页面上输入同样字体、字号的文字，如图08 09所示。

05 添加斜面和浮雕 双击文字图层，在弹出的"图层样式"对话框中选择"斜面和浮雕"选项，设置参数，为其添加效果，如图10 11所示。

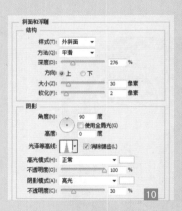

06 添加描边 继续在"图层样式"对话框中选择"描边"选项，设置参数，为其添加效果，如图12 13所示。

07 **添加渐变叠加** 继续在"图层样式"对话框中选择"渐变叠加"选项，设置参数，为其添加效果，如图 14 15 所示。

08 **添加图案叠加** 继续在"图层样式"对话框中选择"图案叠加"选项，设置参数，为其添加效果，如图 16 17 所示。

09 **添加投影** 继续在"图层样式"对话框中选择"投影"选项，设置参数，为其添加效果，如图 18 19 所示。

10 **添加文字** 使用"横版文字工具"，继续在页面上输入同样字体、字号的文字，如图 20 21 所示。

11 **添加斜面和浮雕** 双击文字图层，在弹出的"图层样式"对话框中选择"斜面和浮雕"选项，设置参数，为其添加效果，如图 22 23 所示。

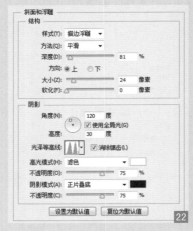

12 **添加描边** 继续在"图层样式"对话框中选择"描边"选项，设置参数，为其添加效果，如图 24 25 所示。

13 **添加渐变叠加** 继续在"图层样式"对话框中选择"渐变叠加"选项，设置参数，为其添加效果，如图 26 27 所示。

14 **添加图案叠加** 继续在"图层样式"对话框中选择"图案叠加"选项，设置参数，为其添加效果，如图 28 29 所示。

15 导入素材 执行"文件 > 打开"命令,在打开的对话框中选择"丝带.psd"素材,将其打开并拖入到场景中,如图30 31 所示。

16 添加颜色叠加 双击"丝带"图层,在弹出的"图层样式"对话框中选择"颜色叠加"选项,设置参数,为其添加效果,如图32 33 所示。

17 添加文字 单击工具箱中的"横版文字工具",在选项栏中设置字体为"Bebas Neue",字号为"13"。单击选项栏中的"创建变形字体"按钮,在弹出的对话框中设置参数,在页面上输入相应文字,如图34 35 所示。

18 添加描边 双击"文字"图层,在弹出的"图层样式"对话框中选择"描边"选项,设置参数,为其添加效果,如图36 37 所示。

19 **添加渐变叠加** 继续在"图层样式"对话框中选择"渐变叠加"选项，设置参数，为其添加效果，如图 38 39 所示。

20 **添加投影** 继续在"图层样式"对话框中选择"投影"选项，设置参数，为其添加效果，如图 40 41 所示。

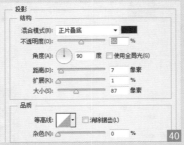

21 **导入素材** 执行"文件 > 打开"命令，在打开的对话框中选择"花纹 .psd"素材，将其打开并拖入到场景中，如图 42 43 所示。

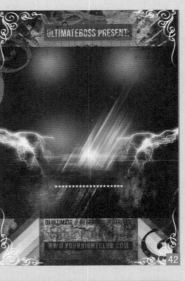

22 **设置混合模式** 在"图层"面板中将"花纹"图层的混合模式调整为"变亮"，如图 44 45 所示。

23 **添加渐变映射** 单击"图层"面板下方的"创建新的填充或调整图层"按钮，在弹出的下拉菜单中选择"渐变映射"命令，在弹出的对话框中设置参数，对图像进行整体调整，如图 46 47 所示。

24 **调整细节** 在"图层"面板中将"渐变映射 1"图层的混合模式调整为"叠加"，不透明度调整为 55%，如图 48 49 所示。

25 **添加色阶** 单击"图层"面板下方的"创建新的填充或调整图层"按钮，在弹出的下拉菜单中选择"色阶"命令，在弹出的对话框中设置参数，对图像进行整体调整，如图 50 51 所示。

26 改变整体色调 新建一个
"图层1"，设前景色为黄色（R：
247，G：215，B：108），按快
捷键〈Alt+Delete〉填充颜色。
在"图层"面板中将"图层1"
的混合模式调整为"亮光"，
不透明度调整为25%，如图 52
53 所示。

27 新建图层 新建一个"图
层2"，设前景色为灰色（R：
60，G：61，B：61），按快捷
键〈Alt+Delete〉填充颜色，如
图 54 55 所示。

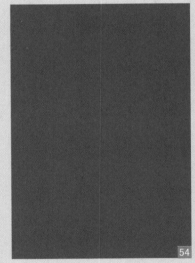

28 调整图层 在"图层"面板
中将"图层2"的混合模式调
整为"颜色加深"，不透明度
调整为37%，如图 56 57 所示。

●光盘路径
Chapter06/Media

Section 6.3　立体岩石材质字体制作

● Level ————
◇◇◇◇
● Version ————
CS4 CS5 CS6 CC

Keyword　横版文字工具、图层样式

以岩石为创作灵感制作出的岩石材质字体特点鲜明。这种立体岩石效果文字就像是在岩石上雕刻出的文字，很有鬼斧神工、大气蓬勃之气势，适合运用到海报广告中。

设计构思

本例中立体岩石材质字体的制作主要利用了图层样式的叠加。设计师首先选择了与岩石相近的颜色制作文字，再通过斜面和浮雕、投影等让文字具有立体感，最后通过渐变叠加等使文字的过渡色和光影更加自然。

01 打开文件 执行"文件 > 打开"命令，在弹出的对话框中选择"背景.jpg"素材，将其打开，如图 01 02 所示。

02 添加文字 单击工具箱中的"横版文字工具"按钮，在选项栏中设置文字的"字体""字号"和"颜色"等参数，在页面上输入相应文字，如图 03 04 05 所示。

03 **添加斜面和浮雕** 双击文字图层，在弹出的"图层样式"对话框中选择"斜面和浮雕"选项，设置参数，为其添加效果，如图 06 07 所示。

04 **添加内阴影** 继续在"图层样式"对话框中，选择"内阴影"选项，设置参数，为其添加效果效果，如图 08 09 所示。

05 **添加颜色叠加** 继续在"图层样式"对话框中选择"颜色叠加"选项，设置参数，为其添加效果，如图 10 11 所示。

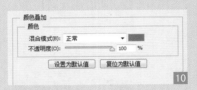

06 **添加投影** 继续在"图层样式"对话框中选择"投影"选项，设置参数，为其添加效果，如图 12 13 所示。

07 **添加文字** 使用"横版文字工具"继续在页面上输入相应文字，如图 14 15 所示。

08 添加渐变叠加 双击"文字"
图层，在弹出的"图层样式"
对话框中选择"渐变叠加"选
项，设置参数，为其添加效果，
如图 16 17 所示。

09 绘制斜面和浮雕 继续在"图
层样式"对话框中选择"斜面
和浮雕"选项，设置参数，为其
添加效果，如图 18 19 所示。

10 添加光泽 继续在"图层样
式"对话框中选择"光泽"选
项，设置参数，为其添加效果，
如图 20 21 所示。

11 添加图案叠加 继续在"图
层样式"对话框中选择"图案
叠加"选项，设置参数，为其
添加效果，如图 22 23 所示。

12 添加投影 继续在"图层样
式"对话框中选择"投影"选
项，设置参数，为其添加效果，
如图 24 25 所示。

13 绘制其他文字 使用同样的方法制作其他文字，如图 26 27 所示。

14 导入素材 执行"文件 > 打开"命令，在打开的对话框中选择"文字.psd"素材，将其打开并拖入到场景中，如图 28 29 所示。

15 导入素材 继续在打开的对话框中选择"光点.psd"素材，将其打开并拖入到场景中，如图 30 31 所示。

16 调整图层 在"图层"面板中设置"光点"图层的"混合模式"为"滤色"，不透明度为 78%，如图 32 33 所示。

17 **添加照片滤镜** 单击"图层"面板下方的"创建新的填充或调整图层"按钮，在弹出的下拉菜单中选择"照片滤镜"命令，在弹出的对话框中设置参数，对图像的整体进行调整，如图 34 35 所示。

18 **添加色彩平衡** 继续单击"图层"面板下方的"创建新的填充或调整图层"按钮，在弹出的下拉菜单中选择"色彩平衡"命令，在弹出的对话框中设置参数，对图像的整体进行调整，如图 36 37 38 39 所示。

19 **添加色阶** 单击"图层"面板下方的"创建新的填充或调整图层"按钮，在弹出的下拉菜单中选择"色阶"命令，在弹出的对话框中设置参数，对图像的整体进行调整，最终效果如图 40 41 所示。

6.4
UI 设计师必读：手机 UI 中的文字设计

在手机客户端设计中，有时是一个设计师配备好几个开发人员，有时则是一个开发人员面对一个设计师或其他相关人员（如切图人员）。由于每个开发人员的开发习惯不一样，有的人需要各种不同部位的细节素材图，而有的人需要你把字体都放在图标中一起切出来。安卓开发人员拼命地进行屏幕适配的同时，也要不断寻求设计师的协助。设计师的交互以及视觉工作是和程序员的开发工作同步进行的，而切图资源文件的命名一不留神就会发生冲突。还有一些既现实又避免不了的问题，比如，若资源库中堆积了大量没用的切图，要是不花好几天时间清理，就会导致安装文件无形中变大。另外，开发人员若忽视了一些公共资源，在后期就要反复找切图人员要资源进行处理。再比如，开发出来的Demo（样品）与实际效果图不符，就需要不断检查，反复修改，以达到预期效果。

在设计的过程中，我们也应该虚心学习，随时将自己的困惑讲出来并记下来，和别人及时沟通、及时请教，这样才能越做越好。

6.4.1　手机UI中的字号

字体、字体大小（即字号）和字体颜色在手机客户端页面中无处不在，所以在手机屏幕这个特殊媒介中，字体大小就显得非常重要了。考虑到手机显示效果的易看性，也为了不违反设计意图，因此我们必须了解在利用计算机做图的时候采用的字号以及开发过程中采用的字号。

首先我们通过例子看一下字体大小对设计效果究竟有着多大的影响。如下图所示，在利用计算机做图与手机适配的过程中，左图是设计效果，这个页面的设计表达的是一个旅游选项，我们可以看到有几个洲际旅游分类以及每个洲的分页面国家。这里我们选择了"亚洲"，所以在设计中应该突出体现"亚洲"页面的视觉效果。我们在手机上适配页面的时候，要达到易看的目的，国家列表的主标题（亚洲）和副标题（国家名称）字号必须要有区别。如下左图所示，洲际和国家的字号完全一样，问题就出现了，内容页中国家的分量与分类标题一样就会导致用户不能一眼看出内容是在各个洲际之下的，达不到设计意图，体验效果不佳。所以，要想解决这个问题，就必须通过加深洲际的字号和底色来加重其分量，让国家的名称包含在洲际中。

| 在Photoshop中设计的文字 | 在手机中适配的效果 | 调整后的效果 |

6.4.2　设计师与程序员之间的制作标准

通常用Photoshop画效果图时,字体大小一般直接以"点"为单位,然而在开发中,一般采用"sp"作单位,如何保证画图时的字号选择和手机适配效果一致呢?下面以几个常用应用的字体效果来说明在Photoshop和开发中字号的选择。

(1)列表的主标题

一般情况下,列表副标题的字号没有太多的要求,只要字体颜色和字号小于主标题就可以了。腾讯新闻、QQ通讯录首页的列表主标题的字号在PS中应采用24~26号左右,一行大概容纳16个字。开发程序中对应的字号是18sp。

腾讯新闻　　　　　　　　QQ通讯录

需要强调的是:不同的字体即使字号相同,显示的大小也会不一样。比如,同样是16号字的楷体和黑体,楷体就显得比黑体小一些。

(2)列表的副标题

一般情况下,列表副标题的字号也没有太多的要求,只要字体颜色和字号小于主标题就可以了。

(3)正文

正文字号大小的要求是每行最好少于22个字。因为字数太多,字号就小,阅读起来就比较吃力。在计算机中进行设计时正文字号要大于16号字体,而在开发程序中,字号设置要大于12号字。

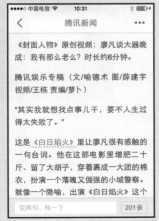
腾讯新闻APP正文

大众点评APP正文

去哪儿旅游APP正文

第 7 章

简约 ICON 制作

本章主要收录了4个小图标以及1个整套图标的实战案例，这些图标多为时下非常流行的简约风格，主要是利用圆角矩形、椭圆、钢笔等多种矢量工具综合绘制而成的形状。通过本章的学习可以使读者熟练掌握使用矢量工具进行 APP 图标设计的相关技术。

关　键 知识点	☑ 简约风格表现
	☑ 矢量工具
	☑ 整体风格统一
	☑ 图标尺寸

Flat Icont Vanilla Choc Chip Theme By Sunbzy

Section

7.1

● Level
◇◇◇

● Version
CS4 CS5 CS6 CC

联系人图标制作

● 光盘路径
Chapter07/Media

Keyword　描边、投影、椭圆工具

　　联系人图标是手机上必不可少的工具图案，在其中存储着电话、手机等通讯设备里可供联系交流的人名单。联系人图标作为手机的基本功能之一，每天都被人们频繁地使用着。

设计构思

　　本例制作一个联系人图标。在设计过程中首先使用浅蓝色和高光制作清新的背景，其次使用钢笔工具绘制同色系的人形图标，最后在整体边框外加上白色圆环，整个图标营造出清新、简洁的氛围。

01 新建文件　执行"文件>新建"命令，或按快捷键<Ctrl+O>，在弹出的"新建"对话框中创建 222×201 像素的文档，完成后单击"确定"按钮，如图 01 02 所示。

02 绘制背景　双击"背景"图层，将其转换为普通图层，设前景色为深蓝色（R：40，G：46，B：58），按快捷键<Alt+Delete>键填充颜色，如图 03 04 所示。

03 绘制椭圆 单击工具箱中的"椭圆工具"，在选项栏中选择工具模式为"形状"，设前景色为蓝色（R：117，G：214，B：224）。按住〈Shift〉键在页面中绘制正圆，双击该图层，在弹出的"图层样式"对话框中选择"内阴影"选项，设置参数，为其添加效果，如图05 06 07所示。

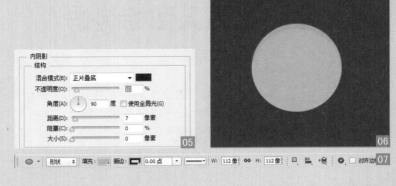

04 绘制高光 单击工具箱中的"钢笔工具"，在选项栏中选择工具模式为"形状"，设前景色为白色。在页面中绘制形状，将该图层的图层名称修改为"高光"，在"图层"面板中设置该图层的不透明度为15%，如图08 09所示。

05 绘制人物形状 单击工具箱中的"钢笔工具"，在选项栏中选择工具模式为"形状"，设前景色为蓝色（R：0，G：65，B：92）。在页面中绘制人物形状，双击该图层，在弹出的"图层样式"对话框中选择"内阴影"选项，设置参数，为其添加效果，如图10 11所示。

06 添加外框 使用同样的方法，制作白色外框，参数设置如图12所示，最终效果如图13所示。

Section 7.2 搜索图标制作

● 光盘路径
Chapter07/Media

Keyword　描边、投影、椭圆工具

● Level
◇◇◇

● Version
CS4 CS5 CS6 CC

搜索图标是手机、计算机上经常使用的工具图案。设计时应该让用户看到图标就能够感知、想象、理解其含义。这种带有放大镜形状的搜索图标是当前最基本的，也是最广为人知的搜索图标。

设计构思

本例制作的是搜索图标。首先设计师选用的是放大镜形状的搜索图标，其次选用圆角矩形绘制较圆滑的手柄，手柄的颜色选用的是颜色鲜艳的暖色调，最后绘制出同样颜色鲜艳的暖色调放大镜镜体。这种暖色调的设计使得搜索图标看起来既可爱又抓人眼球。

01 **新建文件** 执行"文件>新建"命令，或按快捷键<Ctrl+O>，在弹出的"新建"对话框中创建232×226像素的文档，完成后单击"确定"按钮，如图 01 02 所示。

宽度(W): 232	像素	▼
高度(H): 226	像素	▼
分辨率(R): 72	像素/英寸	▼
颜色模式(M): RGB 颜色	8 位	▼
背景内容(C): 白色		▼

高级

颜色配置文件(O): 工作中的 RGB: sRGB IEC6196...
像素长宽比(X): 方形像素　▼ 02

02 **绘制背景** 双击"背景"图层，将其转换为普通图层，设前景色为深蓝色（R：40，G：46，B：58），按快捷键<Alt+Delete>填充颜色，如图 03 04 所示。

图层

类型 ≑ ▣ ⊘ T ⊡ ⊟
正常 ≑　不透明度: 100% ▼
锁定: ⊠ ✔ ✛ 🔒　填充: 100% ▼
👁 　图层 0

03 绘制手柄 单击工具箱中的"钢笔工具",在选项栏中选择工具模式为"形状",设前景色为灰色(R:227,G:241,B:252)。在页面上绘制手柄形状,将图层名称修改为"手柄",如图 05 06 所示。

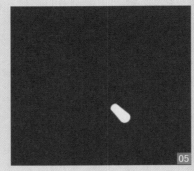

04 绘制手把 使用同样的方法制作手把,如图 07 08 所示。

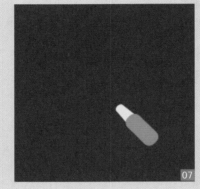

05 绘制椭圆 单击工具箱中的"椭圆工具",在选项栏中选择工具模式为"形状",设前景色为白色,按住〈Shift〉键在页面上绘制正圆,如图 09 10 所示。

06 绘制正圆 继续使用"椭圆工具",在选项栏中选择工具模式为"形状",设前景色为桃红色(R:247,G:90,B:146),按住〈Shift〉键在页面上绘制正圆。双击该图层,在弹出的"图层样式"对话框中选择"内阴影"选项,设置参数,为其添加效果,如图 11 所示。最终效果如图 12 所示。

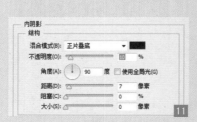

● 光盘路径

Chapter07/Media

Section
7.3

照相机图标制作

● Level
◇◇◇
● Version
CS4 CS5 CS6 CC

Keyword 椭圆工具、矩形工具、圆角矩形工具、图层样式

照相机简称相机，是一种利用光学成像原理形成影像并使用底片记录影像的设备。照相机图标是手机上经常使用的工具图标，如今该类图标素材已经千变万化，各种元素都可以拿来作为图标设计样式。

设计构思

设计师采用摄像头正面角度来表现照相机正在对着观众拍摄，给人一种身临其境的感觉。设计时先制作浅色的背景，然后通过鲜艳的颜色表现相机机身，最后通过圆圈套圆圈的构图手法来表现摄像头的层次感和镜头感。

01 新建文件 执行"文件 > 新建"命令，在弹出的"新建"对话框中，新建一个宽度和高度分别为 800×600 像素的空白文档。完成后单击"确定"按钮结束，设前景色为黄色（R: 253，G: 216，B: 195），按快捷键〈Alt+Delete〉填充颜色，如图 01　02 所示。

02 绘制圆角矩形 单击工具栏中的"圆角矩形工具"按钮，在选项栏中选择工具的模式为"形状"，设置填充为白色，半径为 80 像素，绘制圆角矩形，如图 03　04 所示。

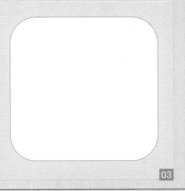

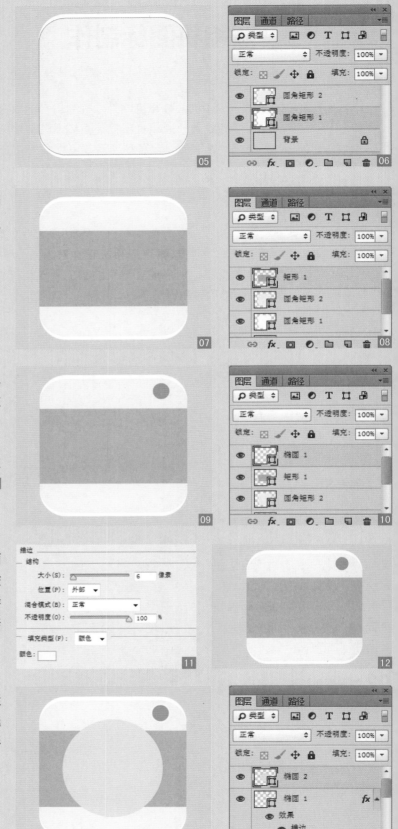

03 绘制圆角矩形 单击工具栏中的"圆角矩形工具"按钮，在选项栏中选择工具的模式为"形状"，设置填充为浅灰色（R：246，G：243，B：239），半径为80像素，绘制圆角矩形，如图 05 06 所示。

04 绘制矩形 单击工具栏中的"矩形工具"按钮，在选项栏中选择工具的模式为"形状"，设置填充为橙色（R：233，G：153，B：109），绘制矩形，如图 07 08 所示。

05 绘制右上方椭圆 单击工具栏中的"椭圆工具"按钮，在选项栏中选择工具的模式为"形状"，设置填充为紫色（R：213，G：111，B：178），在右上方绘制椭圆，如图 09 10 所示。

06 添加描边 单击"图层"面板下方的"添加图层样式"按钮，在弹出的下拉菜单中选择"描边"选项，设置参数，添加描边效果，如图 11 12 所示。

07 绘制中间椭圆 单击工具栏中的"椭圆工具"按钮，在选项栏中选择工具的模式为"形状"，设置填充为灰色（R：228，G：228，B：228），在中间绘制椭圆，如图 13 14 所示。

08 **绘制同心椭圆** 单击工具栏中的"椭圆工具"按钮，在选项栏中选择工具的模式为"形状"，设置填充为深灰色（R：117，G：117，B：117），在上一步绘制的椭圆中再绘制一个椭圆，如图 15 16 所示。

09 **添加内阴影** 单击"图层"面板下方的"添加图层样式"按钮，在弹出的下拉菜单中选择"内阴影"选项，设置参数，添加内阴影效果，如图 17 18 所示。

10 **绘制椭圆** 单击工具栏中的"椭圆工具"按钮，在选项栏中选择工具的模式为"形状"，设置填充为灰色（R：136，G：136，B：136），绘制椭圆，如图 19 20 所示。

11 **绘制椭圆** 单击工具栏中的"椭圆工具"按钮，在选项栏中选择工具的模式为"形状"，设置填充为灰色（R：117，G：117，B：117），绘制椭圆，如图 21 22 所示。

12 **绘制椭圆** 单击工具栏中的"椭圆工具"按钮，在选项栏中选择工具的模式为"形状"，设置填充为灰色（R：158，G：158，B：158），绘制椭圆，如图 23 24 所示。

● 光盘路径
Chapter07/Media

Section
7.4

● Level ————
◇◇◇
● Version ————
CS4 CS5 CS6 CC

闹钟图标制作

Keyword　椭圆工具、矩形工具、圆角矩形工具、图层样式

闹钟是带有闹铃装置的钟表，既能显示时间，又能按人们预定的时刻发出声音提示信号或其他信号。闹钟是手机上常见的工具，人们在清晨的闹钟声中醒来，也通过它来设置各种提醒。

设计构思

本例是闹钟图标制作。设计师采用渐变叠加和投影来制作闹钟底座，之后用光影表现出闹钟底座的塑料质感，再通过白色金属质感的闹钟圆盘来衬托立体感，最后绘制出精细的刻度和指针，营造出精准的氛围。

 →  →

01 打开文件 执行"文件>打开"命令，在弹出的"打开"对话框中选择相应的素材文件并导入，如图 01 02 所示。

02 绘制圆角矩形 单击工具栏中的"圆角矩形工具"按钮，在选项栏中选择工具的模式为"形状"，设置填充为浅黄色（R：237，G：235，B：222），半径为 10 像素，绘制圆角矩形，如图 03 04 所示。

03 添加渐变叠加　单击"图层"面板下方的"添加图层样式"按钮，在弹出的下拉菜单中选择"渐变叠加"选项，设置参数，添加渐变叠加效果，如图 05 06 所示。

04 添加投影　单击"图层"面板下方的"添加图层样式"按钮，在弹出的下拉菜单中选择"投影"选项，设置参数，添加投影效果，如图 07 08 所示。

05 绘制椭圆　单击工具栏中的"椭圆工具"按钮，在选项栏中选择工具的模式为"形状"，设置填充为米黄色（R：245，G：245，B：245），绘制椭圆，如图 09 10 所示。

06 添加渐变叠加　单击"图层"面板下方的"添加图层样式"按钮，在弹出的下拉菜单中选择"渐变叠加"选项，设置参数，添加渐变叠加效果，如图 11 12 所示。

07 添加投影　单击"图层"面板下方的"添加图层样式"按钮，在弹出的下拉菜单中选择"投影"选项，设置参数，添加投影效果，如图 13 14 所示。

08 **复制椭圆** 单击"椭圆 1"图层，按 <Ctrl+J> 组合键将图层复制一层。右键单击图层，在弹出的快捷菜单中选择"清除图层样式"选项，按 <Ctrl+T> 组合键缩放椭圆，按 <Enter> 键结束操作，如图 15 16 所示。

09 **添加内阴影** 单击"图层"面板下方的"添加图层样式"按钮，在弹出的下拉菜单中选择"内阴影"选项，设置参数，添加内阴影效果，如图 17 18 所示。

10 **添加渐变叠加** 单击"图层"面板下方的"添加图层样式"按钮，在弹出的下拉菜单中选择"渐变叠加"选项，设置参数，添加渐变叠加效果，如图 19 20 所示。

11 **复制椭圆** 单击"椭圆 1"图层，按 <Ctrl+J> 组合键将图层再复制一层。右键单击图层在弹出的快捷菜单中选择"清除图层样式"选项，按 <Ctrl+T> 组合键缩放椭圆，按 <Enter> 键结束操作，如图 21 22 所示。

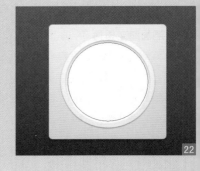

12 **添加描边** 单击"图层"面板下方的"添加图层样式"按钮，在弹出的下拉菜单中选择"描边"选项，设置参数，添加描边效果，如图 23 24 所示。

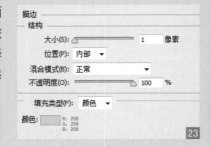

13 **绘制矩形** 单击工具栏中的
"矩形工具"按钮，在选项栏
中选择工具的模式为"形状"，
设置填充为深灰色（R：51，G：
51，B：51），绘制矩形，如图
25 26 所示。

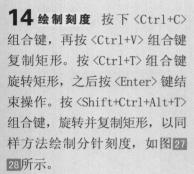

14 **绘制刻度** 按下〈Ctrl+C〉
组合键，再按〈Ctrl+V〉组合键
复制矩形。按〈Ctrl+T〉组合键
旋转矩形，之后按〈Enter〉键结
束操作。按〈Shift+Ctrl+Alt+T〉
组合键，旋转并复制矩形，以同
样方法绘制分针刻度，如图 27
28 所示。

15 **绘制时针** 单击工具栏中的
"钢笔工具"按钮，在选项栏
中选择工具的模式为"形状"，
设置填充为深灰色（R：102，G：
102，B：102），绘制时针形状。
双击图层，在打开的"图层样
式"对话框中选择"渐变叠加"，
设置参数，如图 29 30 所示。

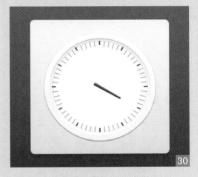

16 **添加投影** 单击"图层"面
板下方的"添加图层样式"按
钮，在弹出的下拉菜单中选择
"投影"，设置参数，添加投
影效果，如图 31 32 所示。

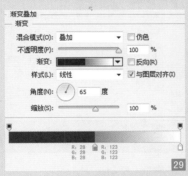

17 **绘制秒针和分针形状** 单击
工具栏中的"钢笔工具"按钮，
在选项栏中选择工具的模式为
"形状"，设置填充为黄色
（R：255，G：222，B：0），
绘制分针形状。之后复制图层，
选择"渐变叠加"选项，以同
样方法绘制秒针形状，如图 33
34 所示。

18 绘制椭圆 单击工具栏中的"椭圆工具"按钮,在选项栏中选择工具的模式为"形状",设置填充为黑色,绘制椭圆。双击图层,打开"图层样式"对话框,选择"描边"选项,设置参数,如图35 36所示。

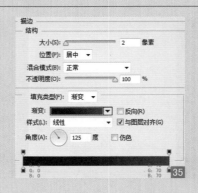

19 添加图层样式 单击"图层"面板下方的"添加图层样式"按钮,在弹出的下拉菜单中选择"渐变叠加"和"投影"选项,设置参数,添加相应效果,如图37 38 39所示。

20 绘制椭圆 单击工具栏中的"椭圆工具"按钮,在选项栏中选择工具的模式为"形状",设置填充为黄色(R: 255,G: 222,B: 0),绘制指针中心的黄色小圆。双击图层,打开"图层样式"对话框,选择"描边"选项,设置参数,如图40 41所示。

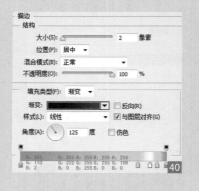

21 绘制形状 单击工具栏中的"钢笔工具"按钮,在选项栏中选择工具的模式为"形状",绘制形状,设置图层的填充为100%,如图42 43所示。

22 **添加描边** 单击"图层"面板下方的"添加图层样式"按钮，在弹出的下拉菜单中选择"描边"选项，设置参数，添加描边效果，如图44 45所示。

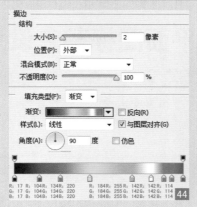

23 **添加内阴影** 单击"图层"面板下方的"添加图层样式"按钮，在弹出的下拉菜单中选择"内阴影"选项，设置参数，添加内阴影效果，如图46 47所示。

24 **添加投影** 单击"图层"面板下方的"添加图层样式"按钮，在弹出的下拉菜单中选择"投影"选项，设置参数，添加投影效果，如图48 49所示。

25 **添加文字** 单击工具箱中的"横版文字工具"，在选项栏中设置字体为 Arial Regular，字号为"18"，颜色为棕色（R: 91, G: 60, B: 0），输入相应文字。之后右键单击文字图层，在弹出的快捷菜单中选择"创建剪贴蒙版"选项，如图50 51所示。

Section 7.5

● Level
◇◇◇◇

● Version
CS4 CS5 CS6 CC

简约平面图标整套设计制作

● 光盘路径
Chapter07/Media

Keyword 圆角矩形工具、钢笔工具、椭圆工具、矩形工具、图层样式

　　就一个手机界面来说，图标设计即是它的名片，更是它的灵魂所在，即所谓的"点睛"之处。整套图标设计需要保证风格统一，追求视觉效果，一定要在保证差异性、可识别性、统一性、协调性原则的基础上进行操作。

设计构思

　　本例是制作简约平面图标的整套设计。因为整套图标设计需要保证风格统一，所以本例中设计师选择的风格是简约二维效果。本例中的图标主要以图层的不同堆积技巧从而完成设计的，同时，每个图标的色彩风格也是保持高度统一的。

01 新建文件 执行"文件 > 新建"命令，在弹出的"新建"对话框中新建一个宽度和高度分别为 800×600 像素的空白文档，完成后单击"确定"按钮结束，如图 01 02 所示。

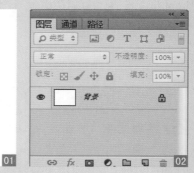

02 填充颜色 设置前景色为浅黄色（R：242，G：232，B：219），按 <Alt+Delete> 组合键填充前景色，如图 03 04 所示。

03 绘制形状1 单击工具栏中的"钢笔工具"按钮，在选项栏中选择工具的模式为"形状"，设置填充为黄色（R：219，G：187，B：138），绘制形状1，如图 05 06 所示。

04 绘制形状2 单击工具栏中的"钢笔工具"按钮，在选项栏中选择工具的模式为"形状"，设置填充为黄色（R：191，G：154，B：106），绘制形状2，如图 07 08 所示。

05 绘制形状3 单击工具栏中的"钢笔工具"按钮，在选项栏中选择工具的模式为"形状"，设置填充为黄色（R：232，G：204，B：167），绘制形状3，如图 09 10 所示。

06 绘制形状4 单击工具栏中的"钢笔工具"按钮，在选项栏中选择工具的模式为"形状"，设置填充为黄色（R：232，G：204，B：167），绘制形状4，从而完成了本图标的制作，效果如图 11 12 所示。

07 绘制圆角矩形 下面再新设计一个图标。单击工具栏中的"圆角矩形工具"按钮，在选项栏中选择工具的模式为"形状"，半径为30像素，绘制圆角矩形，如图 13 14 所示。

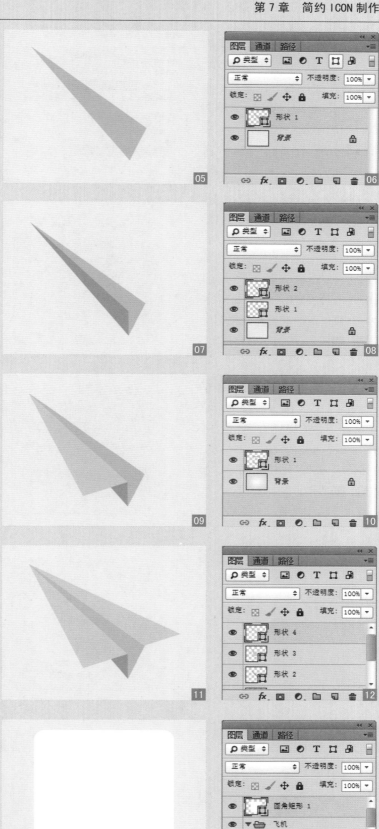

08 添加渐变叠加 单击“图层”面板下方的“添加图层样式”按钮，在弹出的下拉菜单中选择“渐变叠加”选项，设置参数，添加渐变叠加效果，如图15 16所示。

15

16

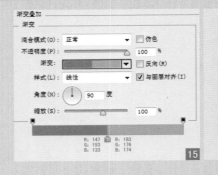

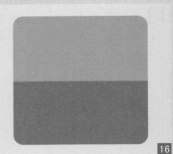

09 绘制圆角矩形 单击工具栏中的“圆角矩形工具”按钮，在选项栏中选择工具的模式为“形状”，设置填充为紫色（R：167，G：157，B：154），半径为 30 像素，绘制圆角矩形，如图17 18所示。

17

18

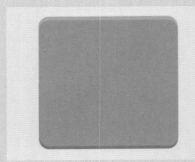

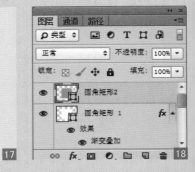

10 绘制椭圆 单击工具栏中的“椭圆工具”按钮，在选项栏中选择工具的模式为“形状”，设置填充为紫色（R：147，G：135，B：133），绘制椭圆，如图19 20所示。

19

20

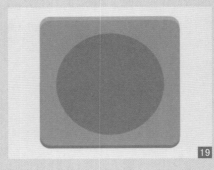

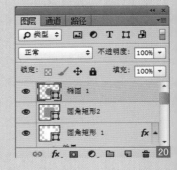

11 绘制椭圆 单击工具栏中的“椭圆工具”按钮，在选项栏中选择工具的模式为“形状”，绘制椭圆，如图21 22所示。

21

22

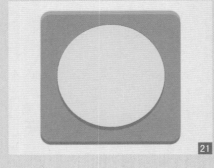

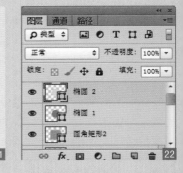

12 减去顶层形状 单击工具栏中的“椭圆工具”按钮，在选项栏中选择“减去顶层形状”选项，绘制椭圆，如图23 24所示。

23

24

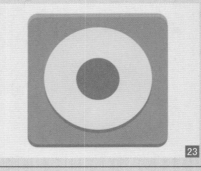

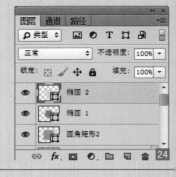

13 添加渐变叠加 单击"图层"面板下方的"添加图层样式"按钮，在弹出的下拉菜单中选择"渐变叠加"选项，设置参数，添加渐变叠加效果，如图 25 26 所示。

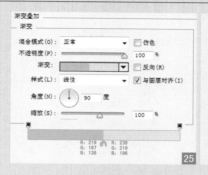

14 绘制椭圆 单击工具栏中的"椭圆工具"按钮，在选项栏中选择工具的模式为"形状"，设置填充为紫色（R：167，G：157，B：154），绘制出图像中心的椭圆，如图 27 28 所示。

15 复制椭圆 单击"椭圆 2"图层，将其复制一层，右键单击图层后选择"清除图层样式"选项，按〈Ctrl+T〉组合键自由变换形状，按〈Enter〉键结束操作。之后设置前景色为黄色（R：232，G：204，B：167），按〈Alt+Delete〉组合键填充颜色，如图 29 30 所示。

16 绘制椭圆 单击工具栏中的"椭圆工具"按钮，在选项栏中选择工具的模式为"形状"，设置填充为棕色（R：102，G：92，B：79），绘制椭圆，如图 31 32 所示。

17 绘制椭圆 单击工具栏中的"椭圆工具"按钮，在选项栏中选择工具的模式为"形状"，设置填充为黄色（R：191，G：154，B：106），绘制椭圆，如图 33 34 所示。

18 绘制圆角矩形 单击工具栏中的"椭圆工具"按钮，在选项栏中选择工具的模式为"形状"，设置填充为棕色（R：102，G：92，B：79），半径为10像素，绘制圆角矩形，如图 35 36 所示。

19 绘制椭圆 单击工具栏中的"椭圆工具"按钮，在选项栏中选择工具的模式为"形状"，设置填充为紫色（R：189，G：169，B：150），绘制椭圆，如图 37 38 所示。

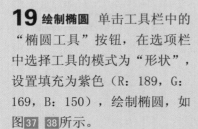

20 减去顶层形状 单击工具栏中的"椭圆工具"按钮，在选项栏中选择"减去顶层形状"选项，绘制椭圆。之后利用这种矢量工具的加减法，绘制完这个图标，如图 39 40 所示。

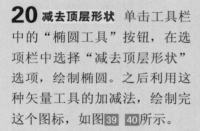

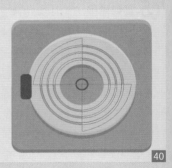

21 绘制圆角矩形 下面绘制一个新的图标。单击工具栏中的"圆角矩形工具"按钮，在选项栏中选择工具的模式为"形状"，半径为30像素，绘制圆角矩形，如图 41 42 所示。

22 添加渐变叠加 单击"图层"面板下方的"添加图层样式"按钮，在弹出的下拉菜单中选择"渐变叠加"选项，设置参数，添加渐变叠加效果，如图 43 44 所示。

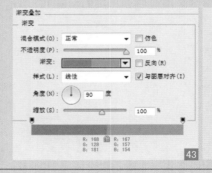

23 **绘制圆角矩形**　单击工具栏中的"圆角矩形工具"按钮，在选项栏中选择工具的模式为"形状"，半径为 30 像素，绘制圆角矩形，如图 45 46 所示。

24 **添加渐变叠加**　单击"图层"面板下方的"添加图层样式"按钮，在弹出的下拉菜单中选择"渐变叠加"选项，设置参数，添加渐变叠加效果，如图 47 48 所示。

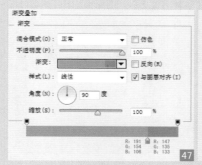

25 **复制圆角矩形**　单击"圆角矩形 4"图层，将其复制一层。之后设置前景色为黄色（R：219，G：187，B：138），按 <Alt+Delete> 组合键填充颜色，再按 <Ctrl+T> 组合键自由变换形状大小，如图 49 50 所示。

26 **减去顶层形状**　单击工具栏中的"矩形工具"按钮，在选项栏中选择"减去顶层形状"选项，绘制矩形，利用相同方法制作其他效果，如图 51 52 所示。

27 **绘制矩形**　单击工具栏中的"矩形工具"按钮，在选项栏中选择工具的模式为"形状，填充为蓝色（R：221，G：221，B：220），绘制矩形，如图 53 54 所示。

28 **绘制圆角矩形** 单击工具栏中的"圆角矩形工具"按钮，在选项栏中选择工具的模式为"形状"，填充为棕色（R：102，G：92，B：72），半径为50像素，绘制圆角矩形。之后将图层复制一层，向右平移该形状，如图 55 56 所示。

29 **绘制形状** 单击工具栏中的"钢笔工具"按钮，在选项栏中选择工具的模式为"形状，填充为淡红色（R：221，G：221，B：220），绘制形状。之后设置图层的混合模式为正片叠底，填充为42%，如图 57 58 所示。

30 **绘制形状** 单击工具栏中的"钢笔工具"按钮，在选项栏中选择工具的模式为"形状"，填充为淡红色（R：221，G：221，B：220），绘制形状，从而完成本图标的绘制工作，如图 59 60 所示。

31 **绘制圆角矩形** 下面再设计一款新图标。单击工具栏中的"圆角矩形工具"按钮，在选项栏中选择工具的模式为"形状"，填充为棕色（R：102，G：92，B：79），半径为100像素，绘制圆角矩形。之后单击工具栏中的"椭圆工具"按钮，在选项栏中选择"合并形状"，绘制椭圆，如图 61 62 所示。

32 **绘制雨滴** 单击工具栏中的"钢笔工具"按钮，在选项栏中选择工具的模式为"形状"，填充为紫色（R：167，G：157，B：154），绘制形状，利用同样方法绘制更多雨滴，从而完成本幅图标设计，如图 63 64 所示。

33 **绘制圆角矩形**　下面再设计一款新图标。单击工具栏中的"圆角矩形工具"按钮，在选项栏中选择工具的模式为"形状"，半径为 10 像素，绘制圆角矩形，如图 65 66 所示。

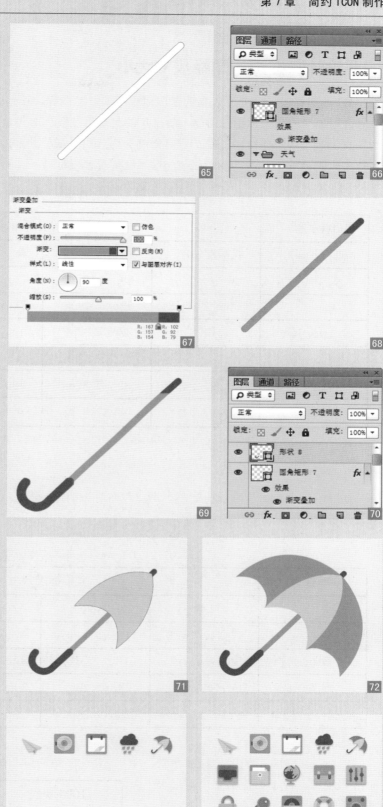

34 **添加渐变叠加**　单击"图层"面板下方的"添加图层样式"按钮，在弹出的下拉菜单中选择"渐变叠加"选项，设置参数，添加渐变叠加效果，如图 67 68 所示。

35 **绘制伞把**　单击工具栏中的"钢笔工具"按钮，在选项栏中选择工具的模式为"形状"，设置填充为棕色（R：102，G：92，B：79），绘制形状，如图 69 70 所示。

36 **绘制伞面**　单击工具栏中的"钢笔工具"按钮，在选项栏中选择工具的模式为"形状"，设置填充为黄色（R：232，G：204，B：167），绘制形状。之后利用相似方法绘制伞面，从而完成本款图标的设计工作，如图 71 72 所示。

37 **更多效果**　浏览已绘制完成的图标，记住并总结所用方法，之后利用相似方法绘制更多图标，如图 73 74 所示。

7.6
UI 设计师必读：图标尺寸大小

APP的图标（ICON）不仅指的是应用程序的启动图标，还包括菜单栏、状态栏以及切换导航栏等位置出现的其他标示性图标，所以ICON是指这些图标的集合。

ICON也受屏幕密度的制约，屏幕密度分为iDPI（低）、mDPI（中等）、hDPI（高）、xhDPI（特高）四种，如表7-1所示为Android系统屏幕密度标准尺寸。

表7-1　Android系统屏幕密度标准尺寸

ICON 类型	屏幕密度标准尺寸			
Android	低密度 iDPI	中密度 mDPI	高密度 hDPI	特高密度 xHDPI
Launcher	36px×36px	48px×48px	72px×72px	96px×96px
Menu	36px×36px	48px×48px	72px×72px	96px×96px
Status Bar	24px×24px	32px×32px	48px×48px	72px×72px
List View	24px×24px	32px×32px	48px×48px	72px×72px
Tab	24px×24px	32px×32px	48px×48px	72px×72px
Dialog	24px×24px	32px×32px	48px×48px	72px×72px

注：Launcher：程序主界面，启动图标；Menu：菜单栏；Status Bar：状态栏；List View：列表显示；Tab：切换、标签；Dialog：对话框。

iPhone的屏幕密度默认为mDPI，所以没有Android分得那么详细，按照手机、设备版本的类型进行划分就可以了，如表7-2所示。

表7-2　iPhone系统屏幕密度标准尺寸

ICON 类型	屏幕标准尺寸			
版本	iPhone3	iPhone4	iPod touch	iPad
Launcher	57px×57px	114px×114px	57px×57px	72px×72px
APP Store 建议	512px×512px	512px×512px	512px×512px	512px×512px
设置	29px×29px	29px×29px	29px×29px	29px×29px
spotlighe 搜索	29px×29px	29px×29px	29px×29px	50px×50px

Windows Phone的图标标准非常简洁和统一，对于设计师来说是最容易上手的，如表7-3所示。

表7-3　Windows Phone系统屏幕密度标准尺寸

ICON 类型	屏幕标准尺寸
应用工具栏	48px×48px
主菜单图标	173px×173px

第 8 章

三维 ICON 制作

本章主要收录了 5 个三维图标（ICON）的实战案例，包括简约风和复古风，主要利用图层样式的叠加来表现立体三维效果，通过本章的学习可以使读者更熟练地灵活运用各种图层样式。

关　键 知识点	☑ 三维图标表现 ☑ 图层样式应用 ☑ 各种材质表现 ☑ 图标设计过程

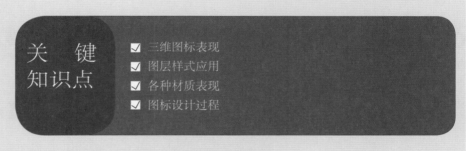

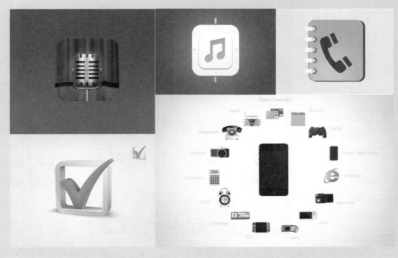

Section 8.1 音乐图标制作

Level ◇◇◇
Version CS4 CS5 CS6 CC

● 光盘路径
Chapter08/Media

Keyword　圆角矩形工具、钢笔工具、路径、选区、图层样式

　　音乐图标是手机上必不可少的工具图案。音乐是用有组织的乐音来表达人们思想情感、反映现实生活的一种艺术，它使人感觉到放松舒适，因此音乐图标的制作也应该以舒适、放松为重点进行创作。

设计构思

　　本例中我们要制作的音乐图标外观简单、布局清晰，给人以简单快捷、清新舒适的感觉，营造出一种轻松愉快的氛围。设计师首先选择了洁净整洁的白色，利用光影效果制作出简洁舒适的图标底座；其次选择让人感觉温馨舒适的橙色绘制音乐图标；最后配以简单实用的按钮营造轻松愉快的氛围，紧扣音乐图标主题。

01 打开文件　执行"文件 > 打开"命令，在弹出的对话框中，选择"背景素材.jpg"素材，将其打开，如图 01 02 所示。

02 绘制图形　新建图层，单击工具箱中的"圆角矩形工具"按钮，在选项栏中设置工具的模式为"路径"，绘制路径，按〈Ctrl+Enter〉组合键，将路径转换为选区，设前景色为白色，按〈Alt+Delete〉组合键填充颜色，按〈Ctrl+D〉组合键取消选区，如图 03 04 05 所示。

03 新建图层 单击工具箱中的"钢笔工具"按钮，在选项栏中选择工具的模式为"路径"，绘制路径，将路径转换为选区，设前景色为浅灰色（R：249，G：248，B：248），填充颜色，取消选区，如图 06 07 所示。

04 复制选区 单击工具箱中的"钢笔工具"按钮，在选项栏中选择工具的模式为"路径"，绘制路径，将路径转换为选区，单击"图层 1"图层，按下 〈Ctrl+J〉组合键复制选区部分，取消选区，如图 08 09 所示。

05 添加斜面和浮雕 单击"图层"面板下方的"添加图层样式"按钮，在弹出的下拉菜单中选择"斜面和浮雕"选项，设置参数，添加斜面和浮雕，如图 10 11 所示。

06 添加投影 单击"图层"面板下方的"添加图层样式"按钮，在弹出的下拉菜单中选择"投影"选项，设置参数，添加投影，如图 12 13 所示。

07 新建图层 单击工具箱中的"钢笔工具"按钮，在选项栏中选择工具的模式为"路径"，绘制路径，将路径转换为选区，设前景色为黄色（R：230，G：177，B：99），填充颜色，取消选区，如图 14 15 所示。

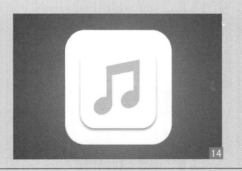

08 添加斜面和浮雕 单击"图层"面板下方的"添加图层样式"按钮，在弹出的下拉菜单中选择"斜面和浮雕"选项，设置参数，添加斜面和浮雕，如图 16 17 所示。

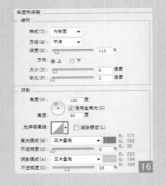

09 添加内阴影 单击"图层"面板下方的"添加图层样式"按钮，在弹出的下拉菜单中选择"内阴影"选项，设置参数，添加内阴影，如图 18 19 所示。

10 添加渐变叠加 单击"图层"面板下方的"添加图层样式"按钮，在弹出的下拉菜单中选择"渐变叠加"选项，设置参数，添加渐变叠加，如图 20 21 所示。

11 新建图层 单击工具箱中的"钢笔工具"按钮，在选项栏中选择工具的模式为"路径"，绘制路径，将路径转换为选区，设前景色为淡黄色（R：255，G：243，B：225），填充颜色，取消选区，得到"图层 4"图层，如图 22 23 所示。

12 添加渐变叠加 单击"图层"面板下方的"添加图层样式"按钮，在弹出的下拉菜单中选择"渐变叠加"选项，设置参数，添加渐变叠加，如图 24 25 所示。

13 **复制图层** 单击"图层4"图层，按<Ctrl+J>组合键复制图层，按<Ctrl+T>组合键，右键单击画面，选择"垂直翻转"选项，将图层向下平移，按<Enter>键结束操作，如图26 27所示。

14 **新建图层** 单击工具箱中的"钢笔工具"按钮，在选项栏中选择工具的模式为"路径"，绘制路径,将路径转换为选区，设前景色为浅灰色（R：222，G：217，B：207），填充颜色，取消选区，如图28 29所示。

15 **新建图层** 单击工具箱中的"钢笔工具"按钮，在选项栏中选择工具的模式为"路径"，绘制路径,将路径转换为选区，设前景色为浅灰色（R：222，G：217，B：207），填充颜色，取消选区，如图30 31所示。

16 **新建图层** 单击工具箱中的"钢笔工具"按钮，在选项栏中选择工具的模式为"路径"，绘制路径,将路径转换为选区，设前景色为浅灰色（R：222，G：217，B：207），填充颜色，取消选区，如图32 33所示。

17 **新建图层** 单击"图层4"图层，按<Ctrl+J>组合键复制图层，按<Ctrl+T>组合键，右键单击画面，选择"水平翻转"，将图层向左平移，按<Enter>键结束操作，如图34 35所示。

Section

8.2

● Level
◇◇◇
● Version
CS4 CS5 CS6 CC

录音器图标制作

● 光盘路径
Chapter08/Media

Keyword　矩形工具、圆角矩形工具、图层样式

　　录音图标是手机上经常遇到的工具图案，录音图标应该简洁明了、注重细节、操作简单，给用户高质量的感觉。

设计构思

　　本例中的录音图标以复古为主题，大红的帷幔加上复古的话筒，让人如置身于20世纪30年代大上海歌舞厅，轻松营造出热情的氛围。设计师以大红帷幔做背景，再加上很有感觉的灯光，最后加上画龙点睛的复古话筒，一副创意无限的作品就完成了。

 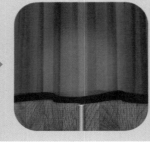 

01 新建文件 执行"文件 > 新建"命令，在弹出的"新建"对话框中，新建一个宽度和高度分别为 680×600 像素的空白文档，完成后单击"确定"按钮结束操作，如图01 02所示。

02 绘制背景 单击工具栏中的"渐变工具"按钮，在选项栏中单击"渐变编辑器"按钮，弹出"渐变编辑器"对话框，设置渐变色，在背景上拖曳渐变色，如图03 04所示。

03 **绘制圆角矩形**　单击工具栏中的"圆角矩形工具"按钮，在选项栏中选择工具的模式为"形状"，半径为 80 像素，绘制圆角矩形，如图 05　06 所示。

04 **导入素材**　执行"文件＞打开"命令，在弹出的对话框中，选择素材并打开，将其拖拽至场景文件中，自由变换大小，移动到合适的位置，右键单击图层，选择"创建剪贴蒙版"选项，如图 07　08 所示。

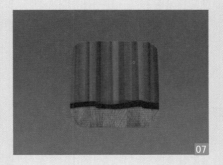

05 **绘制高光**　新建图层，单击工具栏中的"画笔工具"按钮，在选项栏中选择"柔角画笔"，设置前景色为白色，绘制高光，设置图层的混合模式为"颜色减淡"，不透明度为 50%，填充为 60%，右键单击图层，选择"创建剪贴蒙版"选项，如图 09　10 所示。

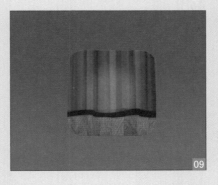

06 **绘制矩形**　单击工具栏中的"矩形工具"按钮，在选项栏中选择工具的模式为"形状"，设置填充为灰色（R：195，G：193，B：193），绘制矩形，右键单击图层，选择"创建剪贴蒙版"选项，如图 11　12 所示。

07 **添加斜面和浮雕**　单击"图层"面板下方的"添加图层样式"按钮，在弹出的下拉菜单中选择"斜面和浮雕"选项，设置参数，添加斜面和浮雕效果，如图 13　14 所示。

08 添加描边 单击"图层"面板下方的"添加图层样式"按钮，在弹出的下拉菜单中选择"描边"选项，设置参数，添加黑色描边，如图15 16所示。

09 添加内发光 单击"图层"面板下方的"添加图层样式"按钮，在弹出的下拉菜单中选择"内发光"选项，设置参数，添加内发光效果，如图17 18所示。

10 添加渐变叠加 单击"图层"面板下方的"添加图层样式"按钮，在弹出的下拉菜单中选择"渐变叠加"选项，设置参数，添加渐变叠加效果，如图19 20所示。

 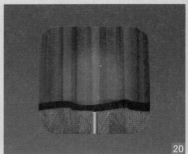

11 添加投影 单击"图层"面板下方的"添加图层样式"按钮，在弹出的下拉菜单中选择"投影"选项，设置参数，添加投影效果，如图21 22所示。

12 导入素材 执行"文件>打开"命令，在弹出的对话框中，选择素材并打开，将其拖拽至场景文件中，自由变换大小，移动到合适位置，如图23 24所示。

Section
8.3

● Level
◇◇◇

● Version
CS4 CS5 CS6 CC

电话簿图标制作

● 光盘路径
Chapter08/Media

Keyword　圆角矩形工具、椭圆工具、矩形工具、钢笔工具、图层样式

　　电话簿图标是手机上必不可少的工具图案，它是人们用来记录亲人、朋友电话的工具，其作为手机的基本功能之一，每天都被我们频繁地使用着。电话簿图标设计应该向个性化、人性化的方向发展。

设计构思

　　本例我们将制作一个电话簿图标，该图标设计过程中采用牛皮纸或皮革的色彩，周边使用金属渐变色的环扣作为装饰，中间的褐色图标造型简洁明了，营造出复古、沉稳、大气、有年代感的氛围。

01 新建文件 执行"文件 > 新建"命令，在弹出的"新建"对话框中，新建一个宽度和高度分别为 1280×960 像素的空白文档，如图 01 02 所示。

02 填充颜色 设置前景色为灰色（R：225，G：225，B：225），按 <Alt+Delete> 组合键，填充前景色，如图 03 04 所示。

03 **绘制圆角矩形** 单击工具栏中的"圆角矩形工具"按钮，在选项栏中选择工具的模式为"形状"，设置填充为棕色（R：78，G：53，B：46），半径为80像素，绘制圆角矩形，得到"圆角矩形1"图层，如图 05 06 所示。

04 **复制圆角矩形** 将"圆角矩形 1"图层进行复制，得到"圆角矩形 1 副本"图层，将形状向左上方平移，设置前景色为黄色（R：198，G：156，B：109），按<Alt+Delete>组合键，填充前景色，如图 07 08 所示。

05 **变化选区** 按<Ctrl>键，同时单击"圆角矩形 1 副本"图层缩略图，调出圆角矩形选区，按<Alt+S+T>组合键，自由变化选区，按<Enter>键结束，如图 09 10 所示。

06 **绘制亮光** 单击工具栏中的"渐变工具"按钮，在选项栏中单击"径向渐变"按钮，再单击"渐变编辑器"按钮，弹出"渐变编辑器"对话框，设置参数，在选区内绘制渐变，设置图层的混合模式为明度，不透明度为80%，如图 11 12 所示。

07 **绘制形状** 单击工具栏中的"钢笔工具"按钮，在选项栏中选择工具的模式为"形状"，设置填充为棕色（R：78，G：53，B：46），绘制形状，如图 13 14 所示。

08 绘制形状 单击工具栏中的"圆角矩形工具"按钮，在选项栏中选择"合并形状"选项，设置半径为 30 像素，绘制圆角矩形，单击工具栏中的"矩形工具"按钮，在选项栏中选择"合并形状"选项，绘制矩形，如图 15 16 所示。

09 绘制矩形 单击工具栏中的"椭圆工具"按钮，在选项栏中选择工具的模式为"形状"，设置填充为棕色（R：78，G：53，B：46），绘制椭圆，如图 17 18 所示。

10 绘制圆角矩形 单击工具栏中的"圆角矩形工具"按钮，在选项栏中选择工具的模式为"形状"，设置半径为 30 像素，绘制圆角矩形，如图 19 20 所示。

11 添加渐变叠加 单击"图层"面板下方的"添加图层样式"按钮，在弹出的下拉菜单中选择"渐变叠加"选项，设置参数，添加渐变叠加，如图 21 22 所示。

12 添加内阴影 单击"图层"面板下方的"添加图层样式"按钮，在弹出的下拉菜单中选择"内阴影"选项，设置参数，添加内阴影，如图 23 24 所示。

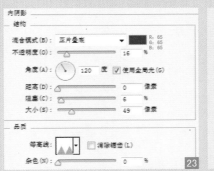

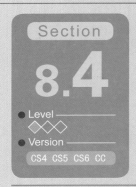

Section

8.4

● Level
◇◇◇
● Version
CS4 CS5 CS6 CC

立体勾选框图标制作

● 光盘路径
Chapter08/Media

Keyword　　钢笔工具、图层样式

立体勾选框图标是手机上经常遇到的工具图案，干净利落的线条和形状是该类图标设计的固有套路。在设计时要遵循线条干净利落，颜色简洁单一等事项，以便让用户看到图标能够感知、想象、理解图标的意思。

设计构思

本例中制作的是立体勾选框，设计师以侧面的视角来设计图标，首先以天蓝色的边框打造出晶莹剔透的立体边框效果，之后添加光影以及阴影使其更加逼真完美，再搭配以绿色的立体对勾图标使画面看起来主题明确、简洁明了。

01 打开文件 执行"文件 > 打开"命令，在弹出的对话框中，选择素材文件，将其打开，如图 01 02 所示。

02 绘制形状 单击工具栏中的"钢笔工具"按钮，在选项栏中选择工具的模式为"形状"，设置填充为灰色（R：111，G：236，B：234），绘制形状，如图 03 04 所示。

03 绘制边框 再次单击工具栏中的"钢笔工具"按钮，在选项栏中选择"减去顶层形状"选项，绘制形状，得到"形状 1"图层，如图 05 06 所示。

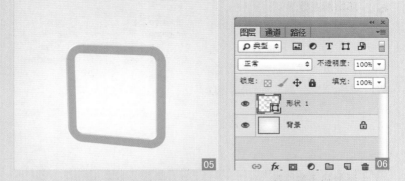

04 添加斜面和浮雕 单击"图层"面板下方的"添加图层样式"按钮，在弹出的下拉菜单中选择"斜面和浮雕"选项，设置参数，添加斜面和浮雕，如图 07 08 所示。

05 添加内阴影 单击"图层"面板下方的"添加图层样式"按钮，在弹出的下拉菜单中选择"内阴影"选项，设置参数，添加内阴影，如图 09 10 所示。

06 添加渐变叠加 单击"图层"面板下方的"添加图层样式"按钮，在弹出的下拉菜单中选择"渐变叠加"选项，设置参数，添加渐变叠加，如图 11 12 所示。

07 绘制形状 新建图层，单击工具箱中的"钢笔工具"按钮，在选项栏中选择工具的模式为"形状"，设置填充为黑色，绘制形状，得到"形状 2"图层，将"形状 2"图层移动到"形状 1"图层下方，如图 13 14 所示。

08 **添加渐变叠加** 单击"图层"面板下方的"添加图层样式"按钮，在弹出的下拉菜单中选择"渐变叠加"选项，设置参数，添加渐变叠加，如图15 16所示。

09 **添加斜面和浮雕** 单击"图层"面板下方的"添加图层样式"按钮，在弹出的下拉菜单中选择"斜面和浮雕"选项，设置参数，添加斜面和浮雕，如图17 18所示。

10 **绘制形状** 新建图层，单击工具箱中的"钢笔工具"按钮，在选项栏中选择工具的模式为"形状"，设置填充为黑色，绘制形状，得到"形状3"图层，将"形状3"图层移动到"形状2"图层下方，如图19 20所示。

11 **添加渐变叠加** 单击"图层"面板下方的"添加图层样式"按钮，在弹出的下拉菜单中选择"渐变叠加"选项，设置参数，添加渐变叠加，如图21 22所示。

12 **绘制阴影** 选择"背景"图层，单击"创建新图层"按钮新建图层，单击工具箱中的"画笔工具"按钮，在选项栏中选择"柔角画笔"，不透明度为10%，绘制阴影，如图23 24所示。

13 绘制对勾 新建图层，单击
工具箱中的"钢笔工具"按钮，
在选项栏中选择工具的模式为
"形状"，绘制形状，得到"形
状 4"图层，如图 25 26 所示。

14 添加斜面和浮雕 单击"图
层"面板下方的"添加图层样
式"按钮，在弹出的下拉菜单
中选择"斜面和浮雕"选项，
设置参数，添加斜面和浮雕，
如图 27 28 所示。

15 添加内阴影 单击"图层"
面板下方的"添加图层样式"
按钮，在弹出的下拉菜单中选
择"内阴影"选项，设置参数，
添加内阴影，如图 29 30 所示。

16 添加渐变叠加 单击"图层"
面板下方的"添加图层样式"
按钮，在弹出的下拉菜单中选
择"渐变叠加"选项，设置参
数，添加渐变叠加，如图 31
32 所示。

17 绘制形状 新建图层，单击
工具箱中的"钢笔工具"按钮，
在选项栏中选择工具的模式为
"形状"，绘制形状，得到"形
状 5"图层，如图 33 34 所示。

18 添加渐变叠加 单击"图层"面板下方的"添加图层样式"按钮，在弹出的下拉菜单中选择"渐变叠加"选项，设置参数，添加渐变叠加，如图 35 36 所示。

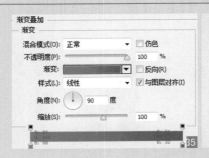

19 添加斜面和浮雕 单击"图层"面板下方的"添加图层样式"按钮，在弹出的下拉菜单中选择"斜面和浮雕"选项，设置参数，添加斜面和浮雕，如图 37 38 所示。

20 绘制形状 新建图层，单击工具箱中的"钢笔工具"按钮，在选项栏中选择工具的模式为"形状"，绘制形状，得到"形状 6"图层，如图 39 40 所示。

21 添加渐变叠加 单击"图层"面板下方的"添加图层样式"按钮，在弹出的下拉菜单中选择"渐变叠加"选项，设置参数，添加渐变叠加，如图 41 42 所示。

22 添加斜面和浮雕 单击"图层"面板下方的"添加图层样式"按钮，在弹出的下拉菜单中选择"斜面和浮雕"选项，设置参数，添加斜面和浮雕，如图 43 44 所示。

23 绘制形状 新建图层，单击
工具箱中的"钢笔工具"按钮，
在选项栏中选择工具的模式为
"形状"，绘制形状，得到"形
状 7"图层，如图 45 46 所示。

24 添加渐变叠加 单击"图层"
面板下方的"添加图层样式"
按钮，在弹出的下拉菜单中选
择"渐变叠加"选项，设置参
数，添加渐变叠加，如图 47
48 所示。

25 添加斜面和浮雕 单击"图
层"面板下方的"添加图层样
式"按钮，在弹出的下拉菜单
中选择"斜面和浮雕"选项，
设置参数，添加斜面和浮雕，
如图 49 50 所示。

26 添加内阴影 单击"图层"
面板下方的"添加图层样式"
按钮，在弹出的下拉菜单中选
择"内阴影"选项，设置参数，
添加内阴影，如图 51 52 所示。

27 盖印图层 关闭背景图层前
的眼睛图标，选中最上方图层，
按〈Shift+Ctrl+Alt+E〉组合键
盖印所有图层，按〈Ctrl+T〉组
合键，自由变化图标大小，移
动到右上方，之后打开背景图
层前的眼睛图标，如图 53 54
所示。

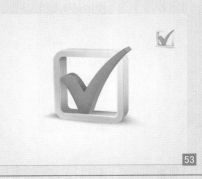

Section
8.5

● Level
◇◇◇

● Version
CS4 CS5 CS6 CC

立体图标整套设计制作

● 光盘路径
Chapter08/Media

Keyword 圆角矩形工具、矩形工具、椭圆工具、钢笔工具、图层样式

　　一个界面的首页美观与否往往是初次来访的用户决定是否进行深入浏览的标准，一套制作精良的图标设计，可以传达丰富的产品信息，一般要求简单醒目，在少量的方寸之地，除了表达出一定的形象与信息外，还得兼顾美观与协调。

设计构思

　　设计师通过手机上按钮、音响等细节来表现手机的黑色塑料质感，然后通过高光和过渡色来表现玻璃，最后通过一系列的图标环绕不仅简单醒目，而且在传达丰富的产品信息的同时，还兼顾了美观与协调。

01 打开文件 执行"文件＞打开"命令，在弹出的对话框中，选择"背景素材.jpg"素材，将其打开，如图 01 02 所示。

02 绘制圆角矩形 单击工具箱中的"圆角矩形工具"按钮，在选项栏中设置工具的模式为"形状"，设置填充为深灰色（R：25，G：25，B：25），半径为 50 像素，绘制圆角矩形，如图 03 04 所示。

03 **绘制圆角矩形** 单击工具箱中的"矩形工具"按钮，在选项栏中设置工具的模式为"形状"，设置填充为灰色（R：37，G：37，B：37），绘制矩形，如图 05 06 所示。

04 **绘制按钮** 单击工具箱中的"钢笔工具"按钮，在选项栏中设置工具的模式为"形状"，设置填充为灰色（R：150，G：150，B：150），绘制形状，得到"形状 1"图层，如图 07 08 所示。

05 **复制按钮** 单击"形状 1"图层，连续按<Ctrl+J>组合键将图层复制多次，按<Ctrl+T>组合键，自由变换形状的位置、大小、角度，按下<Enter>键结束，如图 09 10 所示。

06 **绘制圆角矩形** 单击工具箱中的"圆角矩形工具"按钮，在选项栏中设置工具的模式为"形状"，设置填充为白色，半径 10 像素，绘制圆角矩形，设置图层的不透明度为 5%，如图 11 12 所示。

07 **绘制椭圆** 单击工具箱中的"椭圆工具"按钮，在选项栏中设置工具的模式为"形状"，设置填充为白色，按<Shift>键绘制正圆，设置图层的不透明度为 5%，如图 13 14 所示。

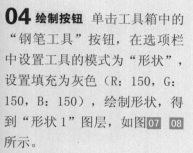

08 **绘制形状** 单击工具箱中的"钢笔工具"按钮，在选项栏中设置工具的模式为"形状"，设置填充为白色，绘制形状，设置图层的填充为 0，如图 15 16 所示。

09 **添加渐变叠加** 单击"图层"面板下方的"添加图层样式"按钮，在弹出的下拉菜单中选择"渐变叠加"选项，设置参数，添加渐变叠加，设置图层的不透明度为 5%，如图 17 18 所示。

10 **绘制椭圆** 单击工具箱中的"椭圆工具"按钮，在选项栏中设置工具的模式为"形状"，设置填充为白色，按 <Shift> 键绘制正圆，设置图层的不透明度为 5%，如图 19 20 所示。

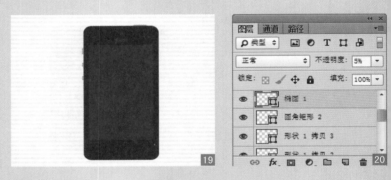

11 **绘制椭圆** 单击工具箱中的"圆角矩形工具"按钮，在选项栏中设置工具的模式为"形状"，半径 10 像素，绘制圆角矩形，设置图层的填充为 0，如图 21 22 所示。

12 **添加描边** 单击图"层面"板下方的"添加图层样式"按钮，在弹出的下拉菜单中选择"描边"选项，设置参数，添加白色描边，设置图层的不透明度为 10%，如图 23 24 所示。

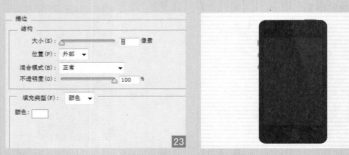

13 **导入素材** 执行"文件 > 打开"命令，弹出"打开"对话框，选择素材文件，并单击"打开"按钮打开素材。将素材拖拽至场景文件中，按下 <Ctrl+T> 组合键自由变换大小、位置，按下 <Enter> 键结束，如图 25 26 所示。

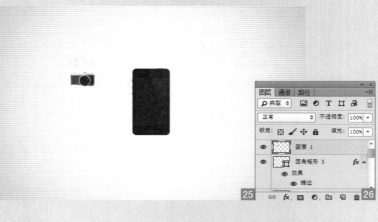

14 **更多效果** 利用同样方法，导入更多素材，分别放在合适的位置，如图 27 28 所示。

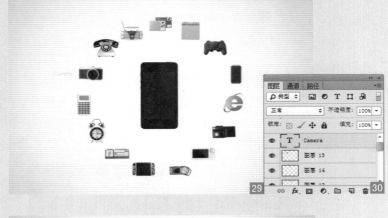

15 **添加文字** 单击工具栏中的"横版文字工具"按钮，在选项栏中设置字体为 Arimo，字号为"15"，颜色为灰色（R：199，G：199，B：199），输入文字，如图 29 30 所示。

16 **更多文字** 利用同样方法，制作更多文字效果，如图 31 32 所示。

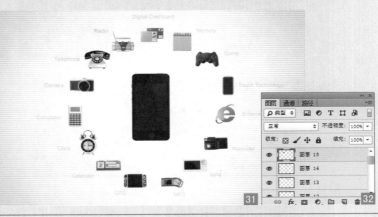

8.6
UI 设计师必读：图标设计过程

平时看到那些大师们制作的icon，我们总是惊讶不已。作为初学者的我们，当被要求或者想要做一个icon的时候，却不知道如何下手，从而导致时间在各种无意义的杂乱思考和"寻找素材"中被白白消耗掉了。

在这里，我结合大师的指导以及自己的经历，总结一套流程和大家一起来分享：初学者怎样才能完成一个icon设计？

8.6.1 最初构思

在进行icon制作之前，我们要先想一些必要问题以及答案：为什么要设计这个icon？这个设计的需求是什么？什么题材才能满足这些需求？这个题材能做到很好的表达吗？这些问题有的可能暂时还没有答案，不要着急，我们可以带着问题去看一些优秀的作品，在别人的成果中得到启发，有时候灵感就是这样产生的。激发灵感还有一个方法就是随手画草图。

我们在想过之后，于脑海中确定要画什么，还要考虑一些客观条件，像做一套图标时间是不是允许、某个题材细节是不是太复杂导致无法完成等。我们可以选择几个题材作为备选方案。如果不是商业需求，我们可以从感兴趣的题材入手，这样就能激发自己的创作欲望。

8.6.2 图标造型设计

物体的展现形式是什么？单个物体还是物体组合？色彩如何搭配才能突出主题？趣味性如何展现？以上这些问题我们在表现风格的时候都要一一考虑到，同时还需要考虑的是：根据现在icon设计的流行趋势来选择写实风格，根据所要表达的主题选择材质等。

通过上述问题我们可以发现，确定题材和确定风格的过程是互相影响、相互交织着进行的。我们只要把握住这两点，然后大量地观看优秀的icon设计作品并打草稿，从别人的设计中吸收其作品所传达的信息，让我们知道什么是好的作品，好的作品是怎么组成的。

或许有的人可能在某些情况下根本不需要问问题，直接上手就开始做icon。即便是这样，我想他也是经过了前期的思考和权衡。因为这是完成一个优质icon设计必经的过程。

不同设计师给某网站设计的logo形象

8.6.3　图标图像制作

经过了确定题材和表现风格之后，我们就开始进入实战操作了。现在需要考虑的问题是怎么表现题材和风格，选择什么技巧工具和方法。

很多初学者在具体实现这个步骤的时候，不知道怎么实现某种材质，也不知道怎么制作某种高光。在这里，我给大家介绍几个方法。

1.临摹

创造是从临摹开始的。我们在临摹的时候，要选择最好的作品来进行。虽然这可能有些难度，但是临摹好作品要比临摹水平一般作品的效果要好很多。

需要强调的是，我们在临摹之前要仔细地观察分析，观察光源的位置、颜色分布以及icon的层次等，这样要比直接上手的效率高得多。

2.找到PSD学习

分析大师的PSD文件，看他们是怎么用图层样式来实现诸如金属质感、高光等特效，以及耐心地堆叠细节的技巧。

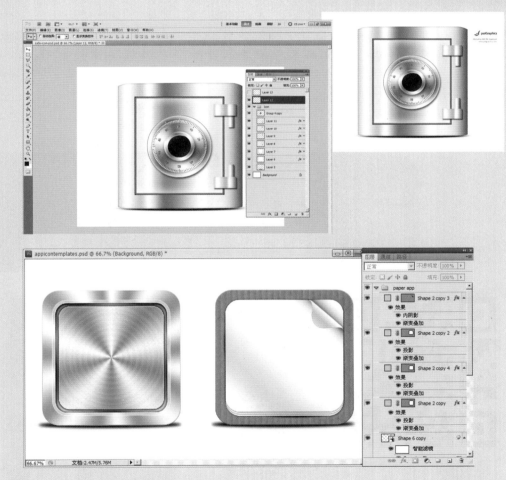

制作icon过程中需要注意的细节有以下3点。

（1）越是精细的图标就越是要注意路径对像素的影响。

（2）因为icon尺寸较小，所以就要求色彩饱满、突出对比度，并且有丰富的色阶层次。

（3）缩放图标时，要注意对其进行相应调整。

第 9 章

丰富多彩的图形设计

本章主要收录了4个图形设计制作案例，涉及滤镜、色阶、阈值、图层样式、混合模式等相关设计技术。通过本章的学习，读者可以掌握更高级的图形编辑技巧，从而使自己设计的 APP 作品更加生动、逼真。

关　键 知识点	☑ 滤镜应用 ☑ 图层样式应用 ☑ 混合模式应用 ☑ 图形编辑技巧 ☑ 尺寸指南

F452654879213954701

最佳
品质

SKYLEWISH PRESENTS

ENDLESS
SUMMER

TICKETS $18 • DOORS 23PM

SATURDAY 26 JUNE

DJ LAMONOFO • DJ DIAPOLMO • DJ SUNLI

Your Club

Section

9.1

● Level ──
◇◇◇
● Version ──
CS4 CS5 CS6 CC

二维码扫描图形

● 光盘路径
Chapter09/Media

Keyword　　矩形工具、滤镜工具

　　二维码是现代生活中经常见到和使用的，它是用某种特定的几何图形按一定规律在平面上（二维方向）分布的黑白相间的图形，主要用来记录数据符号信息。由于二维码能够在横向和纵向两个方向同时表达信息，因此可以在很小的面积内表达大量的信息。

设计构思

　　本例制作的是二维码图标。首先通过杂色、马赛克和阈值使画面中形成不规则的黑白相间图形，再利用矩形工具在画面上绘制二维码特色的三个角，最后在其中配上图片，一个非常形象的二维码就制作完成了。

01 新建文件 执行"文件＞新建"命令，或按下快捷键＜Ctrl+N＞，在弹出的"新建"对话框中新建宽度和高度分别为 200×200 像素的空白文档，完成后单击"确定"按钮结束操作，如图 01 02 所示。

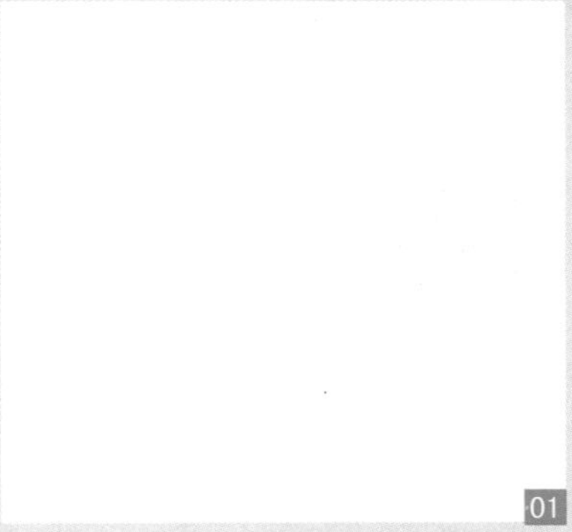

02 设置网格 执行"编辑＞首选项＞参考线、网格和切片"命令，在弹出的"首选项"对话框中设置相应参数，单击"确定"按钮结束操作。之后按＜Ctrl+"＞组合键，调出网格，如图 03 04 所示。

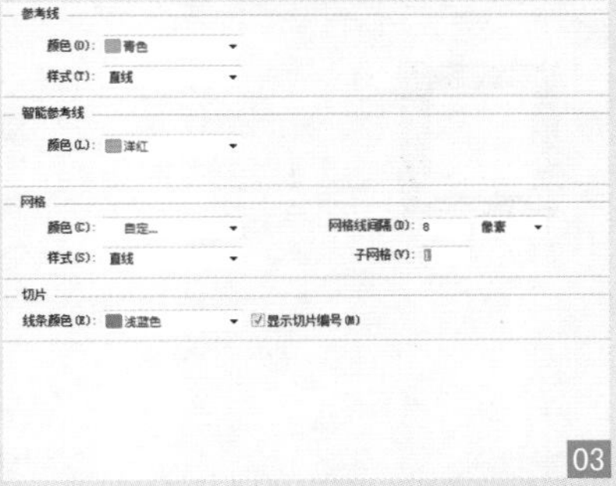

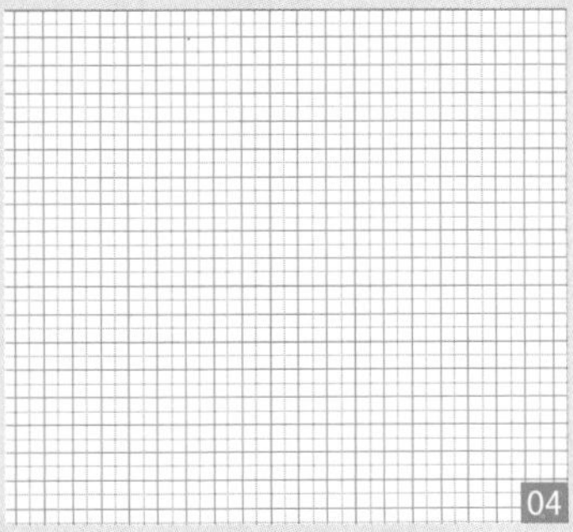

03 添加杂色 新建图层，得到"图层1"图层，填充黑色。之后执行"滤镜 > 杂色 > 添加杂色"命令，在弹出的"添加杂色"对话框中设置参数，单击"确定"按钮结束操作，如图 05 06 所示。

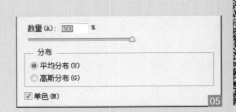

04 制作马赛克 执行"滤镜 > 像素化 > 马赛克"命令，在弹出的"马赛克"对话框中设置参数，单击"确定"按钮结束操作，如图 07 08 所示。

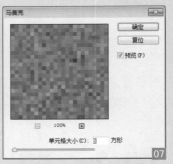

05 调整阈值 执行"图像 > 调整 > 阈值"命令，在弹出的"阈值"对话框中设置参数，单击"确定"按钮结束操作，如图 09 10 所示。

06 绘制矩形 单击工具栏中的"矩形工具"按钮，在选项栏中选择工具的模式为"形状"，设置填充为黑色，绘制矩形，如图 11 12 所示。

07 减去顶层形状 单击工具栏中的"矩形工具"按钮，在选项栏中选择"减去顶层形状"选项，绘制矩形，如图 13 14 所示。

08 **合并形状** 单击工具栏中的"矩形工具"按钮，在选项栏中选择"合并形状"选项，绘制矩形，利用相似方法制作其他形状，如图 15 16 所示。

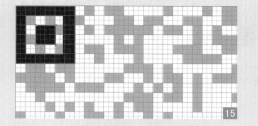

09 **绘制选区** 单击工具栏中的"矩形选框工具"按钮，在选项栏中单击"添加到选区"按钮，绘制矩形选框，如图 17 18 所示。

10 **删除选区部分** 单击"图层 1"图层，按下〈Delete〉键删除选区部分，再按下〈Ctrl+D〉组合键取消选区，接着按下〈Ctrl+"〉组合键取消网格，如图 19 20 所示。

11 **绘制圆角矩形** 单击工具栏中的"圆角矩形工具"按钮，在选项栏中选择工具的模式为"形状"，设置半径为 5 像素，绘制圆角矩形，如图 21 22 所示。

12 **导入素材** 执行"文件 > 打开"命令，或按下快捷键〈Ctrl+O〉，在弹出的"打开"对话框中选择素材文件，单击"打开"按钮结束操作。将素材文件拖拽至场景文件中，缩放大小到合适位置。右键单击图层后选择"创建剪贴蒙版"命令，如图 23 24 所示。

Section

9.2

● Level ──────
◇◇◇
● Version ──────

徽标图形

● 光盘路径
Chapter09/Media

Keyword   钢笔工具、画笔工具、图层样式

    徽标图形是生活中常见的图形，它的设计一般要求主题突出、寓意深刻、简约大气。本案例设计的徽标，突出了形体简洁、形象明朗、引人注目，以及易于识别、理解和记忆等特点。

设计构思

    本例制作的是徽标图形。设计师以土黄色为基准色，加上平滑的曲线设计出简约大气的背景，之后用沉稳的深蓝色给人以值得信赖的感觉，文字的添加鲜明地突出了主题，最后的挂绳设计更是锦上添花。

01 **新建文件** 执行"文件＞新建"命令，或按下快捷键〈Ctrl+N〉，在弹出的"新建"对话框中新建宽度和高度分别为 1680×1050 像素的空白文档，完成后单击"确定"按钮结束操作，如图 01 02 所示。

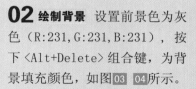

02 **绘制背景** 设置前景色为灰色（R:231, G:231, B:231），按下〈Alt+Delete〉组合键，为背景填充颜色，如图 03 04 所示。

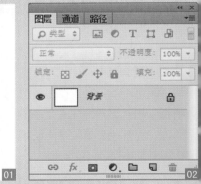

03 导入素材 执行"文件 >
打开"命令，或按下快捷键
<Ctrl+O>，在弹出的"打开"
对话框中选择素材文件，完成
后单击"打开"按钮打开并将
其拖拽至场景文件中，如图 05
06 所示。

04 绘制投影 新建图层，按下
<Ctrl> 键并单击素材图层，调
出选区。设置前景色为黑色，
按下 <Alt+Delete> 组合键，填
充颜色。按下 <Ctrl+D> 组合键
取消选区，设置图层的不透明
度为 30%，将图像向右下方移
动，将图层移动到素材图层下
方，如图 07 08 所示。

05 导入素材 执行"文件 >
打开"命令，或按下快捷键
<Ctrl+O>，在弹出的"打开"
对话框中选择素材文件，完成
后单击"打开"按钮打开并将
其拖拽至场景文件中，设置图
层的混合模式为"正片叠底"，
如图 09 10 所示。

06 添加内阴影 单击"图层"
面板下方的"添加图层样式"
按钮，在弹出的下拉菜单中选
择"内阴影"选项，设置参数，
添加内阴影效果，如图 11 12
所示。

07 添加投影 单击"图层"面
板下方的"添加图层样式"按钮，
在弹出的下拉菜单中选择"投
影"选项，设置参数，添加投
影效果，如图 13 14 所示。

08 绘制正圆 新建图层，单击工具箱中的"椭圆选框工具"按钮，绘制椭圆选区。设置前景色为深蓝色（R：29，G：70，B：92），按下〈Alt+Delete〉组合键为选区填充颜色，按下〈Ctrl+D〉组合键取消选区，如图 15 16 所示。

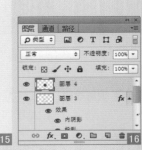

09 导入素材 新建图层，单击工具栏中的"钢笔工具"按钮，在选项栏中选择工具的模式为"路径"，绘制路径，按下〈Ctrl+Enter〉组合键将路径转化为选区，为选区填充黄色（R：222，G：170，B：103）。之后取消选区，设置图层的混合模式为"正片叠底"，如图 17 18 所示。

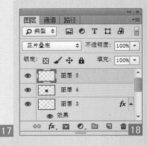

10 添加内阴影 单击"图层"面板下方的"添加图层样式"按钮，在弹出的下拉菜单中选择"内阴影"选项，设置参数，添加内阴影效果，如图 19 20 所示。

11 添加投影 单击"图层"面板下方的"添加图层样式"按钮，在弹出的下拉菜单中选择"投影"选项，设置参数，添加投影效果，如图 21 22 所示。

12 复制图层 单击"图层5"图层，按下〈Ctrl+J〉组合键，将图层复制一层，如图 23　24 所示。

13 添加文字 单击工具栏中的"横版文字工具"按钮，在选项栏中设置字体为 Adobe 黑体 Std，字号为88.53点，分两个图层输入文字"最佳"和"品质"，如图 25　26 所示。

14 添加渐变叠加 单击"图层"面板下方的"添加图层样式"按钮，在弹出的下拉菜单中选择"渐变叠加"选项，设置参数，添加渐变叠加效果，如图 27　28 所示。

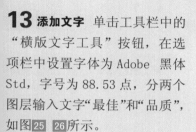

15 绘制阴影 新建图层，单击工具栏中的"钢笔工具"按钮，在选项栏中选择工具的模式为"路径"，绘制路径，按下〈Ctrl+Enter〉组合键将路径转化为选区，为选区填充黑色。之后再取消选区，如图 19　30 所示。

16 绘制图形 新建图层，单击工具栏中的"钢笔工具"按钮，在选项栏中选择工具的模式为"路径"。之后绘制路径，按下〈Ctrl+Enter〉组合键将路径转化为选区，为选区填充深蓝色（R：29，G：70，B：92），之后再取消选区，如图 31　32 所示。

17 绘制阴影 新建图层，单击工具栏中的"画笔工具"按钮，在选项栏中设置不透明度，设置前景色为黑色，绘制挂绳的阴影，如图33 34所示。

18 绘制挂绳 新建图层，单击工具栏中的"画笔工具"按钮，在选项栏中根据页面实际显示效果设置相应的不透明度，设置前景色为白色，绘制挂绳，如图35 36所示。

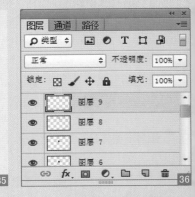

19 绘制亮光 新建图层，单击工具栏中的"画笔工具"按钮，在选项栏中设置不透明度，设置前景色为白色，绘制徽标右下方的亮光效果，如图37 38所示。

20 绘制阴影 新建图层，单击工具栏中的"钢笔工具"按钮，在选项栏中选择工具的模式为"路径"，在图像右下方绘制路径。之后按下〈Ctrl+Enter〉组合键将路径转化为选区，单击工具栏中的"渐变工具"按钮，在选项栏中单击"渐变编辑器"按钮，在弹出的"渐变编辑器"对话框中设置由黑到透明的渐变，在选区中绘制渐变效果，最后取消选区，如图39 40所示。

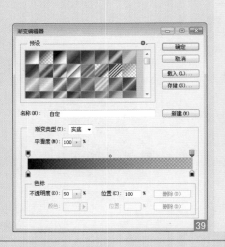

Section

9.3

● Level
◇◇◇
● Version
CS4 CS5 CS6 CC

条形码制作

Keyword 滤镜工具、矩形选框工具、横版文字工具

● 光盘路径
Chapter09/Media

条形码也称条码（barcode），是将宽度不等的多个黑条，按照一定的编码规则排列，用以表达一组信息的图形标识符。条形码在商品流通、图书管理、邮政管理、银行系统等许多领域都得到了广泛的应用。

设计构思

本例制作的是条形码图标。首先通过杂色、动感模糊和色阶使画面中随机形成宽度不等的多个黑条，再利用"矩形选框工具"在画面上选取所要保留的部分，最后加上编码，一个完整的条形码就制作完成了。

01 新建文件 执行"文件 > 新建"命令，或按下快捷键 <Ctrl+N>，在弹出的"新建"对话框中新建宽度和高度分别为 250×150 像素的空白文档，完成后单击"确定"按钮结束操作，如图 01 02 所示。

02 新建图层 新建图层，设置前景色为白色，按下 <Alt+Delete> 组合键为其填充白色，得到"图层 1"图层，如图 03 04 所示。

03 添加杂色 执行"滤镜>杂色>添加杂色"命令，在弹出的"添加杂色"对话框中设置参数，单击"确定"按钮结束操作，如图 05 06 所示。

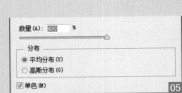

04 动感模糊 执行"滤镜>模糊>动感模糊"命令，在弹出的"动感模糊"对话框中设置参数，单击"确定"按钮结束操作，如图 07 08 所示。

05 添加色阶 单击"图层"面板下方的"创建新的填充或调整图层"按钮，在弹出的界面中选择"色阶"选项。之后在弹出的"属性"对话框中设置相应参数，如图 09 10 所示。

06 添加色阶 再次单击"图层"面板下方的"创建新的填充或调整图层"按钮，在弹出的界面中选择"色阶"选项。之后在弹出的"属性"对话框中设置相应参数，如图 11 12 所示。

07 绘制选区 单击工具箱中的"矩形选框工具"按钮，绘制矩形选区，如图 13 14 所示。

08 反选选区 执行"选择>反向"命令，或按下〈Shift+Ctrl+I〉组合键反选选区，如图15 16所示。

09 删除选区 单击"图层1"图层，按下〈Delete〉键删除，之后按〈Ctrl+D〉组合键取消选区，如图17 18所示。

10 绘制选区 单击工具箱中的"矩形选框工具"按钮，绘制矩形选区，如图19 20所示。

11 删除选区 单击"图层1"图层，按下〈Delete〉键删除，之后按下〈Ctrl+D〉组合键取消选区，如图21 22所示。

12 添加文字 单击工具箱中的"横版文字工具"按钮，在选项栏中设置字体为 Adobe 黑体 Std，字号为"40"，颜色为黑色，输入相应编码文字，如图23 24所示。

Section
9.4

● Level
◇◆◇
● Version
CS4 CS5 CS6 CC

夏日海景宣传海报

● 光盘路径
Chapter09/Media

Keyword	椭圆工具、图层样式、横版文字工具、画笔工具

　　宣传海报设计必须遵循一定的要求才能达到相应的宣传目的：应该紧扣主题，其中的说明文字要简洁明了，篇幅要短小精悍，特别是一些举办活动类的海报一定要具体真实地写明活动的地点、时间及主要内容。

设计构思

　　本例制作的是一个夏日海景的宣传海报，背景选用了阳光、椰树、沙滩、大海等具有夏日海边特色的元素来表现，海报正中间的半透明圆形以及光影效果突出了画面中的文字，是本作品的一个点睛之笔。

01 打开文件 执行"文件 >打开"命令，或按下快捷键<Ctrl+O>，在弹出的"打开"对话框中选择素材文件，完成后单击"打开"按钮打开，如图 01 02 所示。

02 绘制阴影 新建图层，单击工具栏中的"画笔工具"按钮，在选项栏中选择柔角画笔，降低不透明度，设置前景色为黑色，绘制相应阴影，如图03 04所示。

03 添加可选颜色 单击"图层"面板下方的"创建新的填充或调整图层"按钮，在弹出的界面中选择"可选颜色"选项，之后在弹出的"属性"对话框中分别选择"白色""中性灰"选项，设置相应参数，最后设置图层的不透明度为70%，如图05 06 07所示。

04 调整亮度/对比度 单击"图层"面板下方的"创建新的填充或调整图层"按钮，在弹出的界面中选择"亮度/对比度"选项，之后在弹出的"属性"对话框中设置相应参数，如图08 09所示。

05 **绘制阴影** 新建图层，单击工具栏中的"画笔工具"按钮，在选项栏中选择柔角画笔，降低不透明度，设置前景色为黑色，绘制阴影。之后设置图层的混合模式为"叠加"，如图 10 11 所示。

06 **绘制椭圆** 单击工具栏中的"椭圆工具"按钮，在选项栏中选择工具的模式为"形状"，设置填充为黄色（R：255，G：248，B：167），按下<Shift>键绘制正圆。之后设置图层的不透明度为30%，如图 12 13 所示。

07 **绘制椭圆** 单击工具栏中的"椭圆工具"按钮，在选项栏中选择工具的模式为"形状"，设置填充为红色（R：186，G：64，B：58），按下<Shift>键绘制正圆。之后设置图层的不透明度为65%，混合模式为"叠加"，如图 14 15 所示。

08 绘制椭圆 单击工具栏中的"椭圆工具"按钮，在选项栏中选择工具的模式为"形状"，设置填充为无，描边为 5 点，颜色为白色，按下 <Shift> 键绘制正圆。之后设置图层的不透明度为 65%，如图 16　17 所示。

09 添加外发光 单击"图层"面板下方的"添加图层样式"按钮，在弹出的下拉菜单中选择"外发光"选项，设置参数，添加外发光效果，如图 18　19 所示。

10 绘制渐变 单击"图层"面板下方的"添加矢量蒙版"按钮，再单击工具栏中的"渐变工具"按钮，之后在选项栏中单击"渐变编辑器"按钮，接着在弹出的"渐变编辑器"对话框中设置由黑到白的渐变效果，最后在蒙版中拖拽渐变，如图 20　21 所示。

11 **绘制椭圆** 单击工具栏中的"椭圆工具"按钮，在选项栏中选择工具的模式为"形状"，设置填充为无，描边为5点，颜色为白色，按下<Shift>键绘制正圆。之后设置图层的不透明度为65%，如图22 23所示。

12 **添加外发光** 单击"图层"面板下方的"添加图层样式"按钮，在弹出的下拉菜单中选择"外发光"选项，设置参数，添加外发光效果，如图24 25所示。

13 **绘制渐变** 单击"图层"面板下方的"添加矢量蒙版"按钮，再单击工具栏中的"渐变工具"按钮，接着在选项栏中单击"渐变编辑器"按钮，之后在弹出的"渐变编辑器"对话框中设置由黑到白的渐变效果，最后在蒙版中拖拽渐变，如图26 27所示。

14 **添加矩形**　单击工具栏中的"矩形工具"按钮，在选项栏中选择工具的模式为"形状"，设置填充为白色，绘制矩形。之后设置图层的不透明度为50%，如图28 29所示。

15 **绘制矩形**　单击工具栏中的"矩形工具"按钮，在选项栏中选择工具的模式为"形状"，设置填充为白色，绘制矩形。之后设置图层的不透明度为30%，如图30 31所示。

16 **绘制选区**　单击工具栏中的"矩形选框工具"按钮，在选项栏中单击"添加到选区"按钮，绘制矩形选区。之后单击"图层"面板下方的"添加矢量蒙版"按钮，如图32 33所示。

17 **更多效果** 利用相同方法绘制更多效果，如图 34 35 所示。

18 **添加色阶** 单击"图层"面板下方的"创建新的填充或调整图层"按钮，之后在弹出的界面中选择"色阶"选项，接着在弹出的"属性"对话框中设置相应参数，如图 36 37 所示。

19 **绘制阴影** 新建图层，单击工具栏中的"画笔工具"按钮，在选项栏中选择柔角画笔，降低不透明度，设置前景色为黑色，绘制阴影。之后设置图层的不透明度为 26%，如图 38 39 所示。

20 **创建色彩平衡** 单击"图层"面板下方的"创建新的填充或调整图层"按钮，之后在弹出的界面中选择"色彩平衡"选项，接着在弹出的"属性"对话框中分别选择"高光"中间调"阴影"选项，并设置相应参数，如图 40 41 42 43 所示。

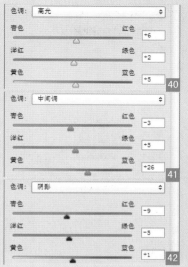

21 **调整色彩平衡** 再次单击"图层"面板下方的"创建新的填充或调整图层"按钮，之后在弹出的界面中选择"色彩平衡"选项，接着在弹出的"属性"对话框中分别选择"高光"中间调"阴影"选项，并设置参数，如图 44 45 46 47 所示。

22 **添加中间文字** 单击工具栏中的"横版文字工具"按钮，在选项栏中设置字体为 Fredoka One，字号分别为"38.13"、"37.47"，颜色为白色，输入相应文字，如图 48 49 所示。

23 **添加上下方文字** 单击工具栏中的"横版文字工具"按钮，在选项栏中选择设置字体为 Bebas Neue，字号分别为"14.37"、"12.7"，颜色为白色，输入相应文字，如图 50 51 所示。

24 **添加下方文字** 单击工具栏中的"横版文字工具"按钮，在选项栏中设置字体分别为 Fredoka One、Bebas Neue，字号分别为 13.37 点、12.88 点，颜色为白色，输入相应文字，如图 52 53 所示。

25 **添加底部文字** 单击工具栏中的"横版文字工具"按钮，在选项栏中选择设置字体为 Pacifico，字号为 13.87 点，颜色为白色，输入相应文字，如图 54 55 所示。

9.5
UI 设计师必读：Apple 和 Android 移动端尺寸指南

　　下面是有关Apple设计的相关资料，包括各种界面尺寸、图标尺寸、图形部件的大小等信息。

屏幕尺寸　1Point=1/72 英寸（pt）

iPhone 4/4s
320 X 480pt

iPhone 5/5s
320 X 568pt

iPad mini
768 X 1024pt

The New iPad
768 X 1024pt

图标尺寸

界面图标：
工具栏 / 导航栏
20 X 20pt

标签栏
30 X 30pt

应用图标：
应用商店（App Store）
20 X 20pt

快捷搜索
29 X 29pt

应用图标和网页快捷方式
57 X 57pt

视网膜支持：
为了支持视网膜分辨率，所有的定制图标和图形比过去变大 2 倍。如果使用 Photoshop 绘图软件，你需要将尺寸放大 2 倍，然后再缩放到常用尺寸下进行设计。

2x
iPhone 4s
iPhone 5s
The New iPad

1x
iPhone 4
iPad The New iPad
iPad mini

　　下面是有关Android设计的相关资料，包括各种界面尺寸、图标尺寸、图形部件的大小等信息。

屏幕尺寸　设备独立像素（dip/dp）

小屏
320 X 426pt

正常
320 X 470pt

平版（大）
480 X 640pt

平版（超大）
720 X 960pt

图标尺寸

界面图标：
操作栏
24 X 24pt

内容显示
12 X 12pt

应用图标：
应用商店（Google Play）
512 X 512pt

启动图标
48 X 48pt

多种屏幕密度支持：
为了支持所有不同屏幕密度的设备运行，Android 将它们归为四类：LDPI，MDPI，HDPI 以及 XHDPI。下图展示的图像支持最常见的屏幕密度 MDPI，调整你的设计尺寸，直到容易输出各种不同尺寸的图为宜。

2x
XHDPI
320dpi

1.5x
HDPI
240dpi

1x
MDPI
160dpi

0.75x
LDPI
120dpi

第 10 章

各类控件制作

本章主要收录了 5 个开关、按钮的实战案例，涉及图形的绘制、质感的表现等实用设计方法。通过这些练习，可以帮助读者随心所欲地制作出各类完美的控件效果。

关　键
知识点

- ☑ 控件制作
- ☑ 塑料质感表现
- ☑ 金属质感表现
- ☑ 半透明玻璃质感表现
- ☑ 如何设计按钮

Section

10.1

● Level
◇◇◇
● Version
CS4 CS5 CS6 CC

立体感十足的白色旋钮

● 光盘路径
Chapter10/Media

Keyword　矩形工具、画笔工具、椭圆工具、图层样式

　　旋钮是边缘刻有一个或一系列标号的普通圆形突出物、圆盘或标度盘，可将其旋转或推进拉出，以此启动并操纵或控制某物。旋钮在生活中随处可见，以旋钮为设计主体的作品大多是写实、逼真的。

设计构思

　　本例中这个立体感十足的白色旋钮灵感来自于生活中随处可见的旋钮开关。设计师采用写真的方法绘制旋钮，首先绘制半透明效果的凹陷外盘，其次绘制具有立体感的旋钮主体，最后绘制细节以及刻度。

01 新建文件　执行"文件 > 新建"命令，或按下快捷键 <Ctrl+N>，在弹出的"新建"对话框中新建宽度和高度分别为 800×600 像素的空白文档，完成后单击"确定"按钮结束操作，如图 01 02 所示。

02 添加图案叠加　双击背景图层，解锁背景图层。之后单击"图层"面板下方的"添加图层样式"按钮，在弹出的下拉菜单中选择"图案叠加"选项，设置参数，添加图案叠加效果，如图 03 04 所示。

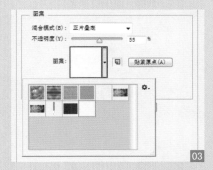

03 绘制椭圆 单击工具栏中的"椭圆工具"按钮,在选项栏中选择工具的模式为"形状",按下〈Shift〉键绘制正圆,得到"椭圆1"图层。之后设置图层的填充为0,不透明度为50%,如图05 06所示。

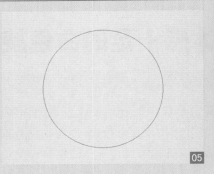

04 添加内阴影 单击"图层"面板下方的"添加图层样式"按钮,在弹出的下拉菜单中选择"内阴影"选项,设置参数,添加内阴影效果,如图07 08所示。

05 添加渐变叠加 单击"图层"面板下方的"添加图层样式"按钮,在弹出的下拉菜单中选择"渐变叠加"选项,设置参数,添加渐变叠加效果,如图09 10所示。

06 添加投影 单击"图层"面板下方的"添加图层样式"按钮,在弹出的下拉菜单中选择"投影"选项,设置参数,添加投影效果,如图11 12所示。

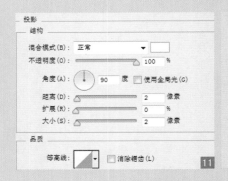

07 绘制椭圆 单击工具栏中的"椭圆工具"按钮,在选项栏中选择工具的模式为"形状",设置填充为白色,按下〈Shift〉键绘制正圆,得到"椭圆2"图层,如图13 14所示。

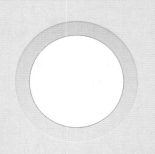

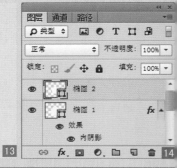

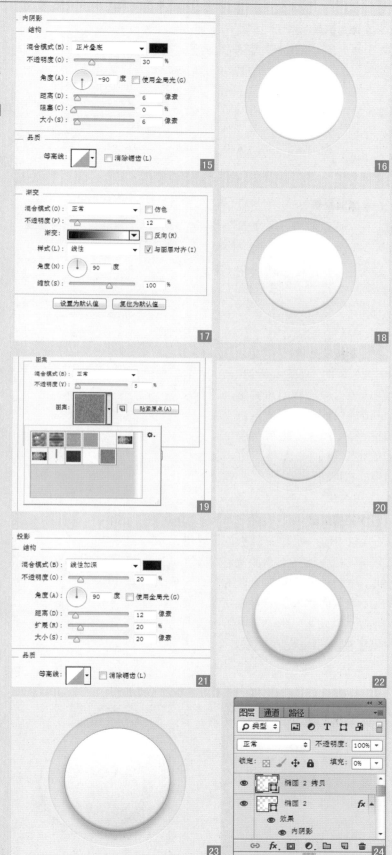

08 添加内阴影　单击"图层"面板下方的"添加图层样式"按钮，在弹出的下拉菜单中选择"内阴影"选项，设置参数，添加内阴影效果，如图 15 16 所示。

09 添加渐变叠加　单击"图层"面板下方的"添加图层样式"按钮，在弹出的下拉菜单中选择"渐变叠加"选项，设置参数，添加渐变叠加效果，如图 17 18 所示。

10 添加图案叠加　双击背景图层，解锁该图层。之后单击"图层"面板下方的"添加图层样式"按钮，在弹出的下拉菜单中选择"图案叠加"选项，添加图案叠加效果，如图 19 20 所示。

11 添加投影　单击"图层"面板下方的"添加图层样式"按钮，在弹出的下拉菜单中选择"投影"选项，设置参数，添加投影效果，如图 21 22 所示。

12 复制图层　单击"椭圆 2"图层，按下 <Ctrl+J> 组合键复制图层，右键单击该图层，之后在弹出的快捷菜单中选择"清除图层样式"选项，设置图层的填充为 0，如图 23 24 所示。

13 添加描边 单击"图层"面板下方的"添加图层样式"按钮，在弹出的下拉菜单中选择"描边"选项，设置参数，添加描边效果，如图 25 26 所示。

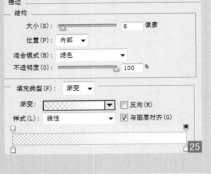

14 添加投影 单击"图层"面板下方的"添加图层样式"按钮，在弹出的下拉菜单中选择"投影"选项，设置参数，添加投影效果，如图 27 28 所示。

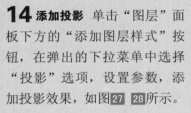

15 绘制椭圆 新建图层，单击工具栏中的"椭圆工具"按钮。在选项栏中选择柔角画笔，调低不透明度，设置前景色为白色，绘制高光。之后将图层移动到"椭圆 1"图层下方，如图 29 30 所示。

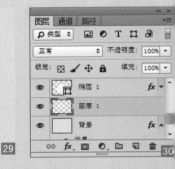

16 绘制阴影 新建图层，单击工具栏中的"椭圆工具"按钮，在选项栏中选择柔角画笔，调低不透明度，设置前景色为黑色，绘制阴影。之后将图层移动到"椭圆 1"图层下方，如图 31 32 所示。

17 绘制正圆 单击工具栏中的"椭圆工具"按钮，在选项栏中选择工具的模式为"形状"，设置填充为灰色（R：232，G：232，B：232），按下 <Shift> 键绘制正圆，得到"椭圆 3"图层，如图 33 34 所示。

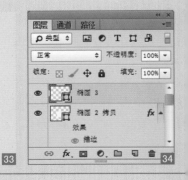

18 添加描边 单击"图层"面板下方的"添加图层样式"按钮，在弹出的下拉菜单中选择"描边"选项，设置参数，添加描边效果，如图35 36所示。

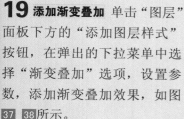

19 添加渐变叠加 单击"图层"面板下方的"添加图层样式"按钮，在弹出的下拉菜单中选择"渐变叠加"选项，设置参数，添加渐变叠加效果，如图37 38所示。

20 添加投影 单击"图层"面板下方的"添加图层样式"按钮，在弹出的下拉菜单中选择"投影"选项，设置参数，添加投影效果，如图39 40所示。

21 绘制正圆 单击工具栏中的"椭圆工具"按钮，在选项栏中选择工具的模式为"形状"。之后按下〈Shift〉键绘制正圆，得到"椭圆4"图层，设置图层的填充为0，如图41 42所示。

22 添加描边 单击"图层"面板下方的"添加图层样式"按钮，在弹出的下拉菜单中选择"描边"选项，设置参数，添加描边效果，如图43 44所示。

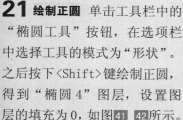

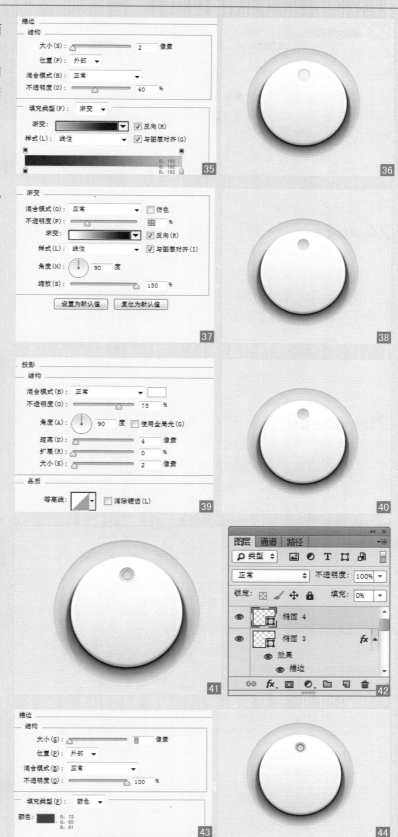

23 添加内阴影 单击"图层"面板下方的"添加图层样式"按钮，在弹出的下拉菜单中选择"内阴影"选项，设置参数，添加内阴影效果，如图45 46所示。

24 添加光泽 单击"图层"面板下方的"添加图层样式"按钮，在弹出的下拉菜单中选择"光泽"选项，设置参数，添加光泽效果，如图47 48所示。

25 绘制渐变叠加 单击"图层"面板下方的"添加图层样式"按钮，在弹出的下拉菜单中选择"渐变叠加"选项，设置参数，添加渐变叠加效果，如图49 50所示。

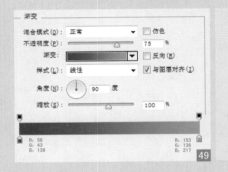

26 绘制矩形 单击工具栏中的"矩形工具"按钮，在选项栏中选择工具的模式为"形状"，设置填充为黑色，绘制矩形。之后按下〈Ctrl+T〉组合键，旋转矩形，按下〈Enter〉键结束操作。接着设置图层的填充为15%，如图51 52所示。

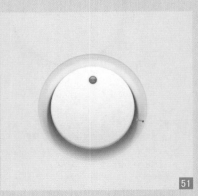

27 复制矩形 按下〈Ctrl+C〉组合键，再按下〈Ctrl+V〉组合键复制矩形。之后按下〈Ctrl+T〉组合键，移动中心点从而旋转矩形，按下〈Enter〉键结束。最后按下〈Shift+Alt+Ctrl+T〉组合键，复制并旋转矩形，如图 53 54 所示。

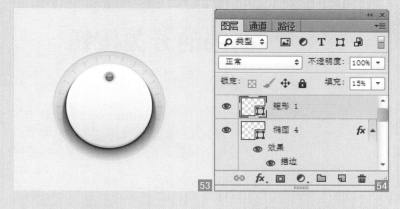

28 添加渐变叠加 单击"图层"面板下方的"添加图层样式"按钮，在弹出的下拉菜单中选择"渐变叠加"选项，设置参数，添加渐变叠加效果，如图 55 56 所示。

29 添加投影 单击"图层"面板下方的"添加图层样式"按钮，在弹出的下拉菜单中选择"投影"选项，设置参数，添加投影效果，如图 57 58 所示。

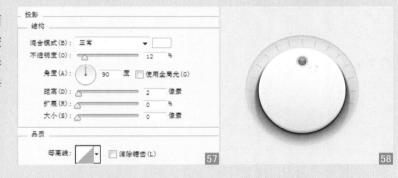

30 调整色调 设置前景色为黄绿色（R：200，G：198，B：173），单击"图层"面板下方的"创建新的填充或调整图层"按钮，选择"纯色"选项，设置图层的混合模式为"柔光"，不透明度为 50%，完成本案例设计，如图 59 60 所示。

● 光盘路径
Chapter10/Media

Section 10.2 简约的开关按钮

● Level ◇◇◇
● Version
CS4 CS5 CS6 CC

Keyword　圆角矩形工具、椭圆工具、矩形工具、图层样式

开关与我们的生活息息相关，在生活中随处可见，其利用按钮推动传动机构，使动触点与静触点按通或断开并实现电路切换的。以开关为设计灵感时，需要先观察开关的构造，然后再加上自己的创意。

设计构思

在本例中，设计师以控制开关为创作灵感，先制作浅色的背景，通过渐变叠加等图层样式表现白色塑料质感底座，再利用相似的手法来表现绿色滑动框以及白色滑动按钮的塑料质感，最后通过图层样式的叠加制作指示灯。

01 新建文件 执行"文件＞新建"命令，或按下快捷键＜Ctrl+N＞，在弹出的"新建"对话框中新建宽度和高度分别为 400×300 像素的空白文档，完成后单击"确定"按钮结束操作，如图01 02所示。

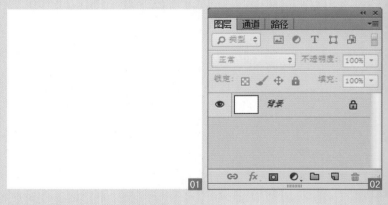

02 添加渐变叠加 双击背景图层，将其解锁。之后单击"图层"面板下方的"添加图层样式"按钮，在弹出的下拉菜单中选择"渐变叠加"选项，设置参数，添加渐变叠加效果，如图03 04所示。

03 绘制外部圆角矩形 单击工具栏中的"圆角矩形工具"按钮，在选项栏中选择工具的模式为"形状"，设置填充为白色，半径为 100 像素，绘制圆角矩形，得到"圆角矩形 1"图层，如图 05 06 所示。

04 添加内阴影 单击"图层"面板下方的"添加图层样式"按钮，在弹出的下拉菜单中选择"内阴影"选项，设置参数，添加内阴影效果，如图 07 08 所示。

05 添加渐变叠加 单击"图层"面板下方的"添加图层样式"按钮，在弹出的下拉菜单中选择"渐变叠加"选项，设置参数，添加渐变叠加效果，如图 09 10 所示。

06 添加投影 单击"图层"面板下方的"添加图层样式"按钮，在弹出的下拉菜单中选择"投影"选项，设置参数，添加投影效果，如图 11 12 所示。

07 绘制内部圆角矩形 单击工具栏中的"圆角矩形工具"按钮，在选项栏中选择工具的模式为"形状"，设置填充为绿色（R：136，G：222，B：110），半径为 100 像素，绘制圆角矩形，得到"圆角矩形 2"图层，如图 13 14 所示。

08 添加内阴影 单击"图层"面板下方的"添加图层样式"按钮，在弹出的下拉菜单中选择"内阴影"选项，设置参数，添加内阴影效果，如图 15 16 所示。

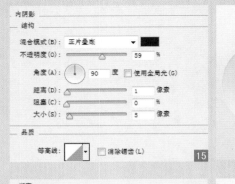

09 添加渐变叠加 单击"图层"面板下方的"添加图层样式"按钮，在弹出的下拉菜单中选择"渐变叠加"选项，设置参数，添加渐变叠加效果，如图 17 18 所示。

10 添加图案叠加 单击"图层"面板下方的"添加图层样式"按钮，在弹出的下拉菜单中选择"图案叠加"选项，设置参数，添加图案叠加效果，如图 19 20 所示。

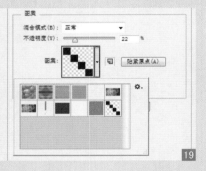

11 添加投影 单击"图层"面板下方的"添加图层样式"按钮，在弹出的下拉菜单中选择"投影"选项，设置参数，添加投影效果，如图 21 22 所示。

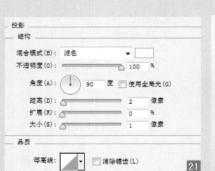

12 绘制矩形 单击工具栏中的"矩形工具"按钮，在选项栏中选择工具的模式为"形状"，绘制矩形，得到"矩形1"图层。之后设置图层的不透明度为83%，填充为0，如图 23 24 所示。

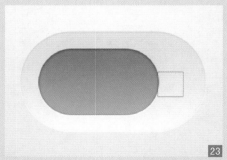

13 合并形状 单击工具栏中的"椭圆工具"按钮，在选项栏中选择"合并形状"选项，绘制正圆，如图 25 26 所示。

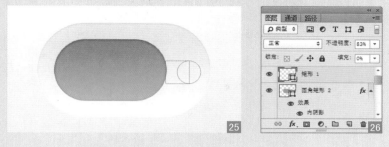

14 添加内阴影 单击"图层"面板下方的"添加图层样式"按钮，在弹出的下拉菜单中选择"内阴影"选项，设置参数，添加内阴影效果，如图 27 28 所示。

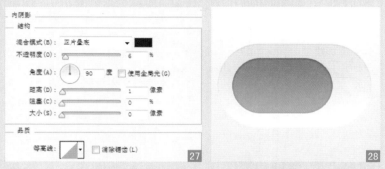

15 添加渐变叠加 单击"图层"面板下方的"添加图层样式"按钮，在弹出的下拉菜单中选择"渐变叠加"选项，设置参数，添加渐变叠加效果，如图 29 30 所示。

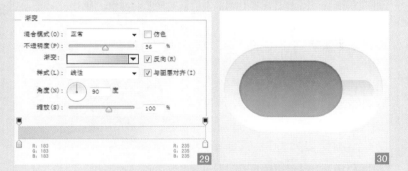

16 添加投影 单击"图层"面板下方的"添加图层样式"按钮，在弹出的下拉菜单中选择"投影"选项，设置参数，添加投影效果，如图 31 32 所示。

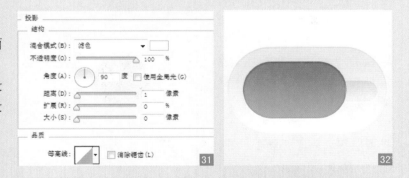

17 绘制椭圆 单击工具栏中的"椭圆工具"按钮，在选项栏中选择工具的模式为"形状"，设置填充为白色，绘制正圆，得到"椭圆 1"图层，如图 33 34 所示。

18 **添加渐变叠加** 单击"图层"面板下方的"添加图层样式"按钮,在弹出的下拉菜单中选择"渐变叠加"选项,设置参数,添加渐变叠加效果,如图 35 36 所示。

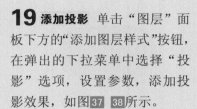

19 **添加投影** 单击"图层"面板下方的"添加图层样式"按钮,在弹出的下拉菜单中选择"投影"选项,设置参数,添加投影效果,如图 37 38 所示。

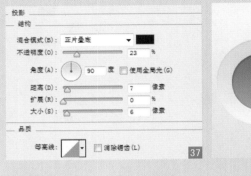

20 **复制图层** 单击"椭圆1"图层,按下 <Ctrl+J> 组合键复制图层。之后将形状向下平移,为椭圆填充黑色,右键单击图层,选择"清除图层样式"选项,设置图层的填充为 56%,如图 39 40 所示。

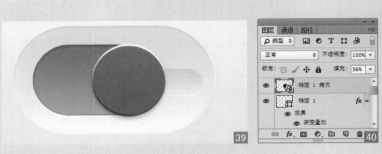

21 **添加高斯模糊** 执行"滤镜 > 转换为智能滤镜"命令,再执行"滤镜 > 模糊 > 高斯模糊"命令,在弹出的"高斯模糊"对话框中设置参数,单击"确定"按钮结束操作,将图层移动到"椭圆1"图层下方,如图 41 40 所示。

22 **绘制形状** 单击工具栏中的"钢笔工具"按钮,在选项栏中选择工具的模式为"形状",设置填充为黑色,绘制形状,得到"形状1"图层。之后设置图层的不透明度为 40%,如图 43 44 所示。

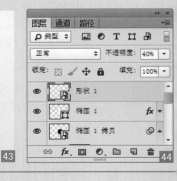

23 **添加高斯模糊** 执行"滤镜 > 转换为智能滤镜"命令，再执行"滤镜 > 模糊 > 高斯模糊"命令，在弹出的"高斯模糊"对话框中设置参数，单击"确定"按钮结束操作，如图 45 46 所示。

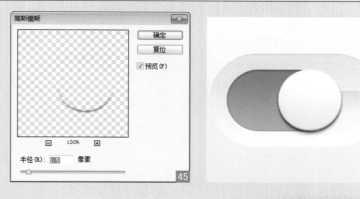

24 **绘制右侧椭圆** 单击工具栏中的"椭圆工具"按钮，在选项栏中选择工具的模式为"形状"，设置填充为绿色（R：95，G：202，B：43），绘制正圆，得到"椭圆 2"图层，如图 33 34 所示。

25 **添加斜面和浮雕** 单击"图层"面板下方的"添加图层样式"按钮，在弹出的下拉菜单中选择"斜面和浮雕"选项，设置参数，添加斜面和浮雕效果，如图 49 50 所示。

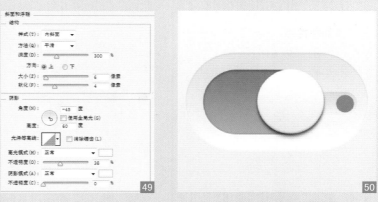

26 **添加描边** 单击"图层"面板下方的"添加图层样式"按钮，在弹出的下拉菜单中选择"描边"选项，设置参数，添加描边效果，如图 51 52 所示。

27 **添加内发光** 单击"图层"面板下方的"添加图层样式"按钮，在弹出的下拉菜单中选择"内发光"选项，设置参数，添加内发光效果，如图 53 54 所示。

28 添加渐变叠加 单击"图层"面板下方的"添加图层样式"按钮，在弹出的下拉菜单中选择"渐变叠加"选项，设置参数，添加渐变叠加效果，如图 55 56 所示。

29 添加图案叠加 单击"图层"面板下方的"添加图层样式"按钮，在弹出的下拉菜单中选择"图案叠加"选项，设置参数，添加图案叠加效果，如图 57 58 所示。

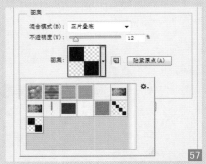

30 添加外发光 单击"图层"面板下方的"添加图层样式"按钮，在弹出的下拉菜单中选择"外发光"选项，设置参数，添加外发光效果，如图 59 60 所示。

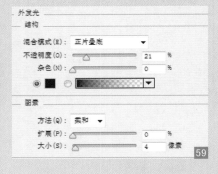

31 添加投影 单击"图层"面板下方的"添加图层样式"按钮，在弹出的下拉菜单中选择"投影"选项，设置参数，添加投影效果，如图 61 62 所示。

32 复制图层 单击"椭圆 2"图层，按下 <Ctrl+J> 组合键复制图层，右键单击图层，选择"清除图层样式"选项，如图 63 64 所示。

33 **绘制正圆**　单击工具栏中的
"椭圆工具"按钮，在选项栏
中选择工具的模式为"形状"，
设置填充为白色，绘制正圆，
得到"椭圆 3"图层。之后设
置图层的填充为 58%，如图 65
66 所示。

34 **绘制外发光**　单击"图层"
面板下方的"添加图层样式"
按钮，在弹出的下拉菜单中选
择"外发光"选项，设置参数，
添加外发光效果，如图 67　68
所示。

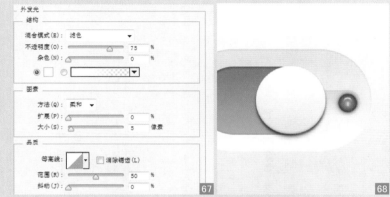

35 **绘制正圆**　单击工具栏中的
"椭圆工具"按钮，在选项栏
中选择工具的模式为"形状"，
设置填充为白色，绘制正圆，
得到"椭圆 4"图层。之后设
置图层的填充为 74%，如图 69
70 所示。

36 **添加外发光**　单击"图层"
面板下方的"添加图层样式"
按钮，在弹出的下拉菜单中选
择"外发光"选项，设置参数，
添加外发光效果，如图 71　72
所示。

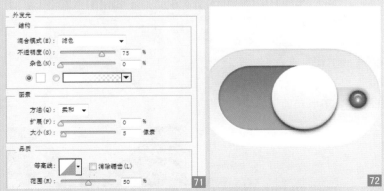

Section

10.3

● Level ———
◇◇◇
● Version ———
CS4 CS5 CS6 CC

逼真的金属质感旋钮

Keyword　　椭圆工具、多边形工具、图层样式

如今，主流的图标风格还是以简洁为主，越简单则越会受到人们的喜欢。本案例的金属质感的图标，体现出大气和简洁，亮点在于旋转拉丝金属的视觉特效。

设计构思

本例制作的是金属质感旋钮。首先绘制一个正圆，利用渐变叠加让其具有金属色泽，以这个正圆做铺垫，继续绘制另一个稍小的正圆，依旧借助渐变叠加让其具有旋转拉丝的金属效果，最后绘制上图标等其他细节。

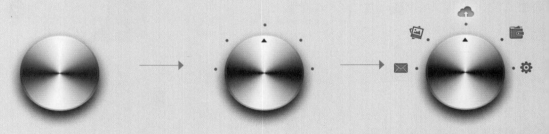

01 打开文件 执行"文件 > 打开"命令，在弹出的"打开"对话框中选择素材文件，之后单击"打开"按钮，如图 01 02 所示。

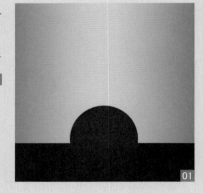

02 绘制椭圆 单击工具栏中的"椭圆工具"按钮，在选项栏中选择工具的模式为"形状"，设置填充为白色，绘制椭圆，如图 03 04 所示。

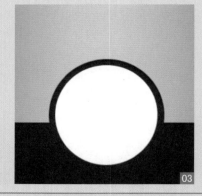

03 添加渐变叠加 单击"图层"面板下方的"添加图层样式"按钮，在弹出的下拉菜单中选择"渐变叠加"选项，设置参数，添加渐变叠加效果，如图 05 06 所示。

04 添加投影 单击"图层"面板下方的"添加图层样式"按钮，在弹出的下拉菜单中选择"投影"选项，设置参数，添加投影效果，如图 07 08 所示。

05 绘制椭圆 单击工具栏中的"椭圆工具"按钮，在选项栏中选择工具的模式为"形状"，设置填充为白色，绘制椭圆，如图 09 10 所示。

06 添加描边 单击"图层"面板下方的"添加图层样式"按钮，在弹出的下拉菜单中选择"描边"选项，设置参数，添加描边效果，如图 11 12 所示。

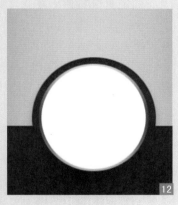

07 添加渐变叠加 单击"图层"面板下方的"添加图层样式"按钮，在弹出的下拉菜单中选择"渐变叠加"选项，设置参数，添加渐变叠加效果，如图 13 14 所示。

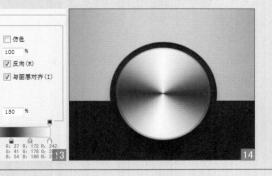

08 导入素材 执行"文件 > 打开"命令,在弹出的"打开"对话框中选择素材文件,单击"打开"按钮。之后将其拖拽至场景文件中,移动到合适位置,设置图层的混合模式为"颜色加深",如图 15 16 所示。

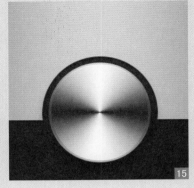

09 绘制三角形 单击工具栏中的"多边形工具"按钮,在选项栏中选择工具的模式为"形状",设置填充为灰色(R:29,G:33,B:45),取消勾选星形,设置边为3,绘制三角形,如图 17 18 所示。

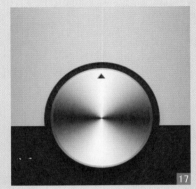

10 绘制椭圆 单击工具栏中的"椭圆工具"按钮,在选项栏中选择工具的模式为"形状",设置填充为深紫色(R:73,G:79,B:95),绘制椭圆,如图 19 20 所示。

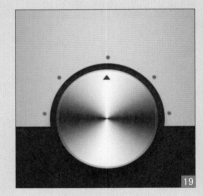

11 导入素材 执行"文件 > 打开"命令,在弹出的"打开"对话框中选择素材文件,单击"打开"按钮。之后将其拖拽至场景文件中,移动到合适位置,如图 21 22 所示。

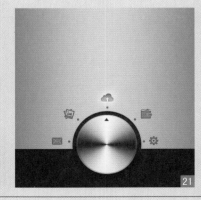

Section
10.4
● Level
◇◇◇
● Version
CS4 CS5 CS6 CC

扁平化的下载进度按钮

● 光盘路径
Chapter10/Media

Keyword　钢笔工具、椭圆工具、图层样式

当下载一个比较大的文件时，可能要等一会儿才能下载完成，下载进度可以提示用户当前已经下载了多少，预计多久可以下载完成等信息。当下载进度较慢时人们会很容易产生焦虑感，这时一个优美并有创意的下载进度按钮会让人觉得等待不是那么的漫长。

设计构思

本例是一个扁平化的下载进度按钮设计。设计师首先使用深浅不一的灰色配合图层样式制作出立体效果，再通过渐变叠加绘制出渐变的加载圆环，采用的绿色加载圆环有力地缓解了人们的视觉疲劳，降低了焦躁感。最后绘制中间的播放图标，使得整个按钮更有层次感和趣味感。

01 新建文件 执行"文件＞新建"命令，或按下快捷键〈Ctrl+N〉，在弹出的"新建"对话框中新建宽度和高度分别为800×600像素的文档，完成后单击"确定"按钮结束操作，如图 01　02 所示。

02 填充颜色 设置前景色为灰色（R:60，G:69，B:84），按下〈Alt+Delete〉组合键为背景填充颜色，如图 03　04 所示。

03 绘制正圆 单击工具栏中的
"椭圆工具"按钮，在选项栏
中选择工具的模式为"形状"，
设置填充为深蓝色（R:56，G:
65，B:76），绘制正圆，得
到"椭圆1"图层，如图 05 06
所示。

04 添加内阴影 单击"图层"
面板下方的"添加图层样式"
按钮，在弹出的"图层样式"
对话框中选择"内阴影"选项，
设置参数，添加内阴影效果，
如图 07 08 所示。

05 添加投影 单击"图层"面
板下方的"添加图层样式"按
钮，在弹出的"图层样式"对
话框中选择"投影"选项，设
置参数，添加投影效果，如图
09 10 所示。

06 绘制圆环 单击工具栏中的
"椭圆工具"按钮，在选项栏
中选择工具的模式为"形状"，
绘制正圆。之后再次单击"椭
圆工具"按钮，在选项栏中选
择"减去顶层形状"选项，绘
制同心圆，得到"椭圆2"图层，
设置图层的填充为0，如图 11
12 所示。

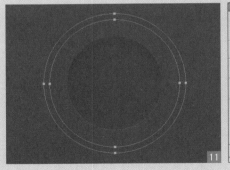

07 添加渐变叠加 单击"图层"
面板下方的"添加图层样式"
按钮，在弹出的"图层样式"
对话框中选择"渐变叠加"选项，
设置参数，添加渐变叠加效果，
如图 13 14 所示。

08 绘制正圆　单击工具栏中的"椭圆工具"按钮，在选项栏中选择工具的模式为"形状"，设置填充为绿色（R:101，G:230，B:147），绘制正圆，得到"椭圆 3"图层，如图 15　16 所示。

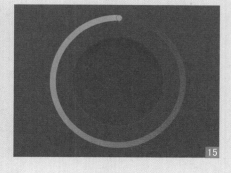

09 添加描边　单击"图层"面板下方的"添加图层样式"按钮，在弹出的"图层样式"对话框中选择"描边"选项，设置参数，添加描边，如图 17　18 所示。

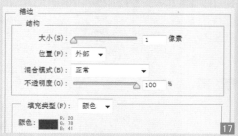

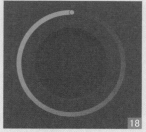

10 复制图层　单击"椭圆 2"图层，按下〈Ctrl+J〉组合键复制图层，将"椭圆 2 拷贝"图层移动到"椭圆 3"图层上方，如图 19　20 所示。

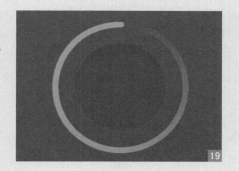

11 复制图层　单击"椭圆 2"图层，按下〈Ctrl+J〉组合键复制图层，将"椭圆 2 拷贝 2"图层移动到"椭圆 2 拷贝"图层上方，右键单击图层后选择"清除图层样式"命令，如图 21　22 所示。

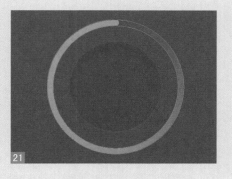

12 添加投影　单击"图层"面板下方的"添加图层样式"按钮，在弹出的"图层样式"对话框中选择"投影"选项，设置参数，添加投影效果，如图 23　24 所示。

13 绘制正圆 单击工具栏中的"椭圆工具"按钮，在选项栏中选择工具的模式为"形状"，设置填充为绿色（R：101，G：230，B：147），绘制正圆，得到"椭圆4"图层，如图25 26所示。

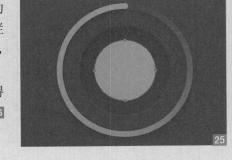

14 绘制同心圆 单击工具栏中的"椭圆工具"按钮，在选项栏中选择"减去顶层形状"选项，绘制同心圆，如图27 28所示。

15 添加渐变叠加 单击"图层"面板下方的"添加图层样式"按钮，在弹出的"图层样式"对话框中选择"渐变叠加"选项，设置参数，添加渐变叠加效果，如图29 30所示。

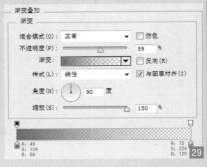

16 添加投影 单击"图层"面板下方的"添加图层样式"按钮，在弹出的"图层样式"对话框中选择"投影"选项，设置参数，添加投影效果，如图31 32所示。

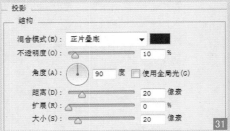

17 添加文字 单击工具栏中的"横版文字工具"按钮，之后在选项栏中设置字体为Helvetica Neue LT Std，字号为"22"，颜色为灰色（R：238，G：237，B：237），输入相应文字，如图33 34所示。

Section
10.5
● Level
◇◇◇
● Version
CS4 CS5 CS6 CC

晶莹剔透的菜单界面按钮

● 光盘路径
Chapter10/Media

Keyword	椭圆工具、矩形工具、图层样式

半透明的菜单界面按钮给人以晶莹剔透、时尚前卫的感觉，特别是经过细致处理的小按钮和小图标更是"点睛"的关键。下面就来学习一下这种主流的半透明菜单界面按钮制作。

设计构思

本例制作的是具有半透明效果的菜单界面按钮。设计师首先采用椭圆工具的加减运算绘画出圆环造型，之后通过调整透明度、添加图层样式等方法使其看起来半透明而且具有弧度，接着绘制出有立体感的中间圆，最后绘制分割线以及添加相应的小图标。

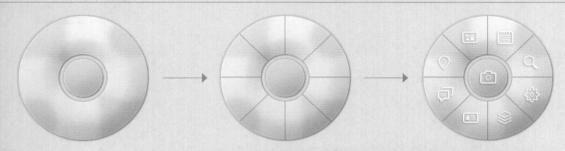

01 打开文件 执行"文件 > 打开"命令，在弹出的"打开"对话框中选择素材文件，单击"打开"按钮，如图 01 02 所示。

02 绘制椭圆 单击工具栏中的"椭圆工具"按钮，在选项栏中选择工具的模式为"形状"，设置填充为白色，绘制椭圆。再次单击工具栏中的"椭圆工具"按钮，在选项栏中选择"减去顶层形状"选项，绘制椭圆，设置图层的填充为40%，如图 03 04 所示。

03 **添加斜面和浮雕** 单击"图层"面板下方的"添加图层样式"按钮，在弹出的下拉菜单中选择"斜面和浮雕"选项，设置参数，添加斜面和浮雕效果，如图 05 06 所示。

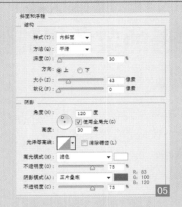

04 **添加内阴影** 单击"图层"面板下方的"添加图层样式"按钮，在弹出的下拉菜单中选择"内阴影"选项，设置参数，添加内阴影效果，如图 07 08 所示。

05 **添加内发光** 单击"图层"面板下方的"添加图层样式"按钮，在弹出的下拉菜单中选择"内发光"选项，设置参数，添加内发光效果，如图 09 10 所示。

06 **添加光泽** 单击"图层"面板下方的"添加图层样式"按钮，在弹出的下拉菜单中选择"光泽"选项，设置参数，添加光泽效果，如图 11 12 所示。

07 **添加渐变叠加** 单击"图层"面板下方的"添加图层样式"按钮，在弹出的下拉菜单中选择"渐变叠加"选项，设置参数，添加渐变叠加效果，如图 13 14 所示。

08 添加外发光 单击"图层"面板下方的"添加图层样式"按钮，在弹出的下拉菜单中选择"内发光"选项，设置参数，添加外发光效果，如图 15 16 所示。

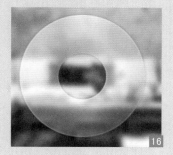

09 添加投影 单击"图层"面板下方的"添加图层样式"按钮，在弹出的下拉菜单中选择"投影"选项，设置参数，添加投影效果，如图 17 18 所示。

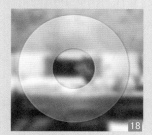

10 绘制椭圆 利用相似方法绘制椭圆，并且复制"椭圆 1"图层的图层样式，如图 19 20 所示。

11 绘制矩形 单击工具栏中的"矩形工具"按钮，在选项栏中选择工具的模式为"形状"，设置填充为灰色（R：81，G：81，B：81），绘制矩形，之后设置图层的填充为 60%，如图 21 22 所示。

12 导入素材 执行"文件＞打开"命令，在弹出的"打开"对话框中选择素材文件，单击"打开"按钮。之后将其拖拽至场景文件中，移动到合适位置，完成案例设计，如图 23 24 所示。

Section

10.6

● Level
◇◇◇◇
● Version
CS4 CS5 CS6 CC

手机界面整体按钮的设计制作

● 光盘路径
Chapter10/Media

Keyword　　椭圆工具、图层样式

众所周知，一个界面的成败决定于细节之处，甚至一个精致的按钮或导航都可以提高界面的视觉效果。按钮是界面最重要的组成元素之一，也是用户和界面进行交互的重要桥梁，其设计要保持风格的一致性。

设计构思

本例是手机界面整体按钮的设计制作。设计师保持了颜色与风格的一致性原则，设计的界面简洁、大气、有科技感，颜色搭配自由发挥，具备很好的视觉效果，同时对界面上的按钮设计采用简易的风格。

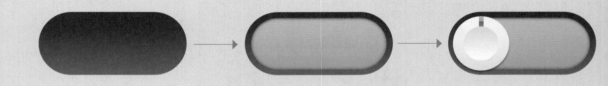

01 新建文件　执行"文件 > 新建"命令，或按下快捷键 <Ctrl+N>，在弹出的"新建"对话框中新建宽度和高度分别为 400×300 像素的文档，完成后单击"确定"按钮结束操作，如图 01　02 所示。

02 绘制背景　设置前景色为深蓝色（R:45，G：57，B：64），按下 <Alt+Delete> 组合键为背景填充前景色，如图 03　04 所示。

03 绘制圆角矩形 单击工具栏中的"圆角矩形工具"按钮，在选项栏中选择工具的模式为"形状"，设置填充为深蓝色（R:45，G:57，B:64），半径为 100 像素，绘制圆角矩形，得到"圆角矩形 1"图层，如图 05 06 所示。

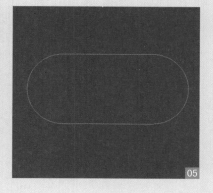

04 添加内阴影 单击"图层"面板下方的"添加图层样式"按钮，在弹出的下拉菜单中选择"内阴影"选项，设置参数，添加内阴影效果，如图 07 08 所示。

05 添加渐变叠加 单击"图层"面板下方的"添加图层样式"按钮，在弹出的下拉菜单中选择"渐变叠加"选项，设置参数，添加渐变叠加效果，如图 09 10 所示。

06 绘制圆角矩形 单击工具栏中的"圆角矩形工具"按钮，在选项栏中选择工具的模式为"形状"，设置填充为黄色（R:230，G:172，B:57），半径为 100 像素，绘制圆角矩形，得到"圆角矩形 2"图层，如图 11 12 所示。

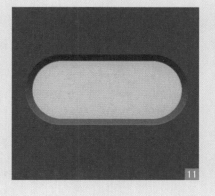

07 添加内阴影 单击"图层"面板下方的"添加图层样式"按钮，在弹出的下拉菜单中选择"内阴影"选项，设置参数，添加内阴影效果，如图 13 14 所示。

08 添加内发光 单击"图层"面板下方的"添加图层样式"按钮，在弹出的下拉菜单中选择"内发光"选项，设置参数，添加内发光效果，如图 15 16 所示。

09 添加渐变叠加 单击"图层"面板下方的"添加图层样式"按钮，在弹出的下拉菜单中选择"渐变叠加"选项，设置参数，添加渐变叠加效果，如图 17 18 所示。

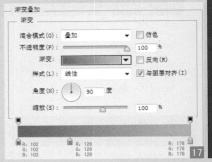

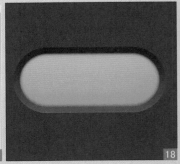

10 绘制椭圆 单击工具栏中的"椭圆工具"按钮，在选项栏中选择工具的模式为"形状"，设置填充为灰色（R:239，G:239，B:239），绘制正圆，得到"椭圆 1"图层，如图 19 20 所示。

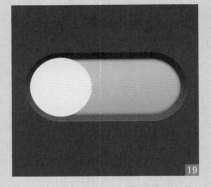

11 添加渐变叠加 单击"图层"面板下方的"添加图层样式"按钮，在弹出的下拉菜单中勾选"渐变叠加"选项，设置参数，添加渐变叠加效果，如图 21 22 所示。

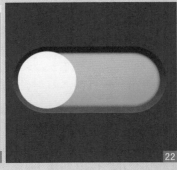

12 添加投影 单击"图层"面板下方的"添加图层样式"按钮，在弹出的下拉菜单中选择"投影"选项，设置参数，添加投影效果，如图 23 24 所示。

13 绘制椭圆 单击工具栏中的“椭圆工具”按钮，在选项栏中选择工具的模式为“形状”，设置填充为灰色（R:229，G:229，B：229），绘制正圆，得到“椭圆 2”图层，如图25 26所示。

25

26

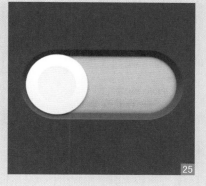

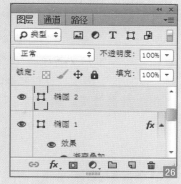

14 添加渐变叠加 单击“图层”面板下方的“添加图层样式”按钮，在弹出的下拉菜单中选择“渐变叠加”选项，设置参数，添加渐变叠加效果，如图27 28所示。

27

28

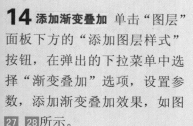

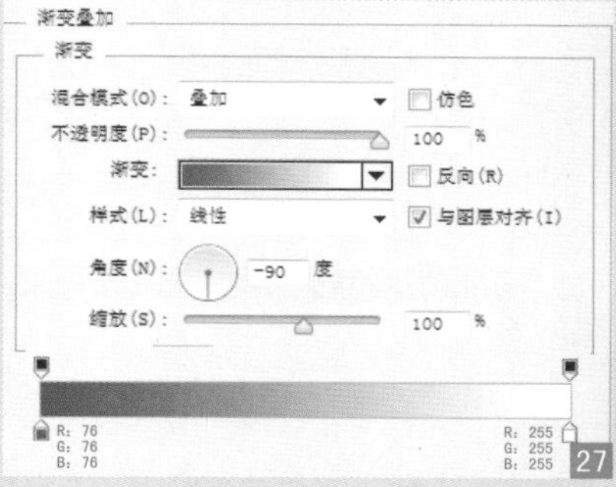

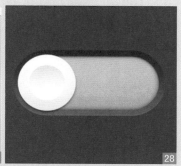

15 绘制矩形 单击工具栏中的“矩形工具”按钮，在选项栏中选择工具的模式为“形状”，设置填充为红色（R:217，G:76，B：88），绘制矩形，得到“矩形 1”图层，如图29 30所示。

29

30

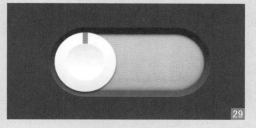

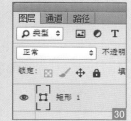

16 添加渐变叠加 单击“图层”面板下方的“添加图层样式”按钮，在弹出的下拉菜单中选择“渐变叠加”选项，设置参数，添加渐变叠加效果，如图31 32所示。

31

32

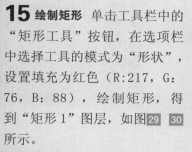

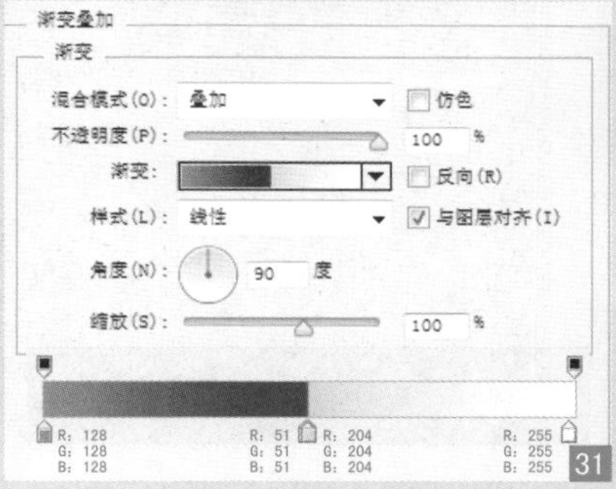

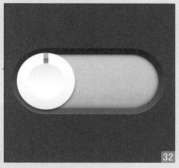

17 绘制形状 单击工具栏中的“钢笔工具”按钮，在选项栏中选择工具的模式为“形状”，设置填充为深蓝色（R:45，G:57，B：64），绘制形状，得到“形状 1”图层，如图33 34所示。

33

34

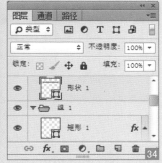

18 添加内发光 单击"图层"面板下方的"添加图层样式"按钮，在弹出的下拉菜单中选择"内发光"选项，设置参数，添加内发光效果，如图 35 36 所示。

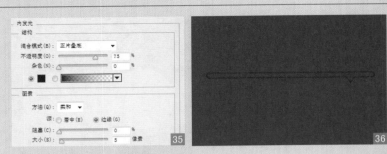

19 添加渐变叠加 单击"图层"面板下方的"添加图层样式"按钮，在弹出的下拉菜单中选择"渐变叠加"选项，设置参数，添加渐变叠加效果，如图 37 38 所示。

20 添加投影 单击"图层"面板下方的"添加图层样式"按钮，在弹出的下拉菜单中选择"投影"选项，设置参数，添加投影效果，如图 39 40 所示。

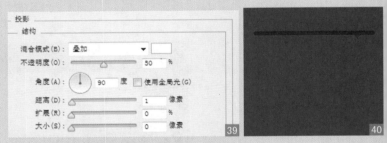

21 绘制圆角矩形 单击工具栏中的"圆角矩形工具"按钮，在选项栏中选择工具的模式为"形状"，设置填充为蓝色（R:29，G：178，B：191），半径为10像素，绘制圆角矩形，得到"圆角矩形 3"图层，如图 41 42 所示。

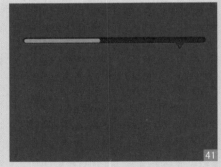

22 添加渐变叠加 单击"图层"面板下方的"添加图层样式"按钮，在弹出的下拉菜单中选择"渐变叠加"选项，设置参数，添加渐变叠加效果，如图 43 44 所示。

23 添加图案叠加 单击“图层”面板下方的“添加图层样式”按钮，在弹出的下拉菜单中选择“图案叠加”选项，设置参数，添加图案叠加效果，如图45 46所示。

45

46

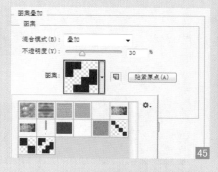

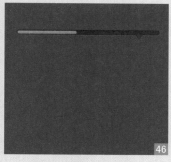

24 绘制圆角矩形 单击工具栏中的“圆角矩形工具”按钮，在选项栏中选择工具的模式为“形状”，设置填充为深灰色（R:18，G：23，B：26），半径为 10 像素，绘制圆角矩形，得到“圆角矩形 4”图层，如图47 48所示。

47

48

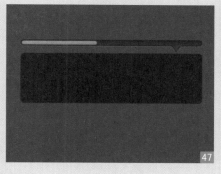

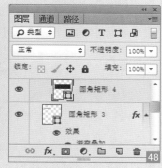

25 添加投影 单击“图层”面板下方的“添加图层样式”按钮，在弹出的下拉菜单中选择“投影”选项，设置参数，添加投影效果，如图49 50所示。

49

50

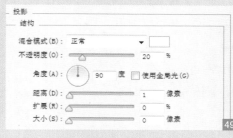

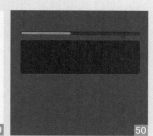

26 绘制形状 单击工具栏中的“钢笔工具”按钮，在选项栏中选择工具的模式为“形状”，设置填充为蓝色（R:29，G：178，B：191），绘制形状，得到“形状 2”图层，如图51 52所示。

51

52

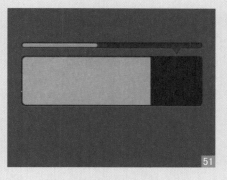

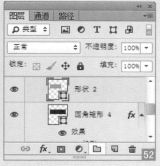

27 绘制形状 单击工具栏中的“钢笔工具”按钮，在选项栏中选择工具的模式为“形状”，设置填充为灰色（R:229，G：229，B：229），绘制形状，得到“形状 3”图层，如图53 54所示。

53

54

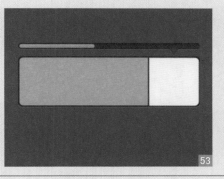

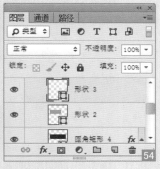

28 **绘制圆角矩形** 单击工具栏中的"圆角矩形工具"按钮，在选项栏中选择工具的模式为"形状"，半径为 10 像素，绘制圆角矩形，得到"圆角矩形 5"图层，之后设置图层的填充为 0，如图 55 56 所示。

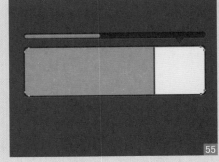

29 **添加内阴影** 单击"图层"面板下方的"添加图层样式"按钮，在弹出的下拉菜单中选择"内阴影"选项，设置参数，添加内阴影效果，如图 57 58 所示。

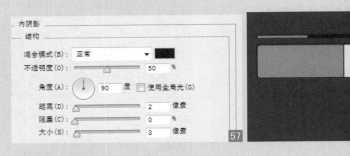

30 **添加内发光** 单击"图层"面板下方的"添加图层样式"按钮，在弹出的下拉菜单中选择"内发光"选项，设置参数，添加内发光效果，如图 59 60 所示。

31 **添加渐变叠加** 单击"图层"面板下方的"添加图层样式"按钮，在弹出的下拉菜单中选择"渐变叠加"选项，设置参数，添加渐变叠加效果，如图 61 62 所示。

32 **绘制形状** 单击工具栏中的"钢笔工具"按钮，在选项栏中选择工具的模式为"形状"，设置填充为红色（R:217，G:76，B:88），绘制形状，得到"形状 4"图层，如图 63 64 所示。

33 **添加斜面和浮雕** 单击"图层"面板下方的"添加图层样式"按钮，在弹出的下拉菜单中选择"斜面和浮雕"选项，设置参数，添加斜面和浮雕效果，如图 65 66 所示。

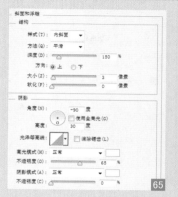

34 **添加内阴影** 单击"图层"面板下方的"添加图层样式"按钮，在弹出的下拉菜单中选择"内阴影"选项，设置参数，添加内阴影效果，如图 67 68 所示。

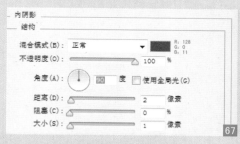

35 **添加投影** 单击"图层"面板下方的"添加图层样式"按钮，在弹出的下拉菜单中选择"投影"选项，设置参数，添加投影效果，如图 69 70 所示。

36 **添加文字** 单击工具栏中的"横版文字工具"按钮，在选项栏中设置字体为 SansSerif Regular，字号为"10.09"，颜色为蓝色（R：29，G：178，B：191），输入相应文字，如图 71 72 所示。

37 **添加内阴影** 单击"图层"面板下方的"添加图层样式"按钮，在弹出的下拉菜单中选择"内阴影"选项，设置参数，添加内阴影效果，如图 73 74 所示。

38 添加内发光 单击"图层"面板下方的"添加图层样式"按钮，在弹出的下拉菜单中选择"内发光"选项，设置参数，添加内发光效果，如图75 76所示。

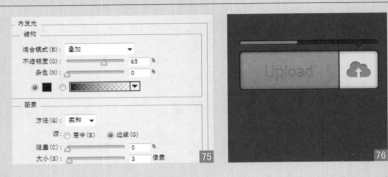

39 添加投影 单击"图层"面板下方的"添加图层样式"按钮，在弹出的下拉菜单中选择"投影"选项，设置参数，添加投影效果，如图77 78所示。

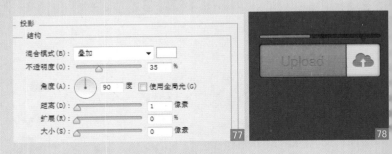

40 绘制椭圆 单击工具栏中的"椭圆工具"按钮，在选项栏中选择工具的模式为"形状"，设置填充为深蓝色（R:45，G:57，B:64)），绘制正圆，得到"椭圆3"图层，如图79 80所示。

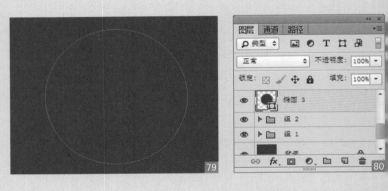

41 添加内阴影 单击"图层"面板下方的"添加图层样式"按钮，在弹出的下拉菜单中选择"内阴影"选项，设置参数，添加内阴影效果，如图81 82所示。

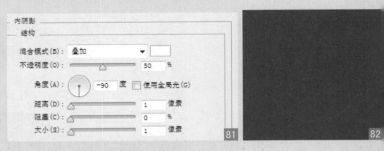

42 添加渐变叠加 单击"图层"面板下方的"添加图层样式"按钮，在弹出的下拉菜单中选择"渐变叠加"选项，设置参数，添加渐变叠加效果，如图83 84所示。

43 绘制椭圆 单击工具栏中的"椭圆工具"按钮，在选项栏中选择工具的模式为"形状"，设置填充为深蓝色（R:45，G:57，B:64），绘制正圆，得到"椭圆 4"图层，如图 85 86 所示。

44 添加内发光 单击"图层"面板下方的"添加图层样式"按钮，在弹出的下拉菜单中选择"内发光"选项，设置参数，添加内发光效果，如图 87 88 所示。

45 绘制渐变叠加 单击"图层"面板下方的"添加图层样式"按钮，在弹出的下拉菜单中选择"渐变叠加"选项，设置参数，添加渐变叠加效果，如图 89 90 所示。

46 添加文字 单击工具栏中的"横版文字工具"按钮，在选项栏中设置字体为 Swis721 BT Roman，字号为 31 点，颜色为白色，输入相应文字，如图 91 92 所示。

47 最终效果 利用同样的方法，绘制界面中更多的图标效果，本设计案例最终效果如图 93 94 所示。

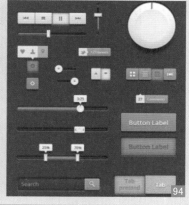

10.7
UI 设计师必读：如何设计按钮

设计按钮时，除了考虑美观感方面的视觉效果，还要根据它们的用途来进行一些人性化的设计，比如分组、醒目、用词等，下面就简单给出按钮设计的几点重要建议。

10.7.1　关联分组

可以把有关联的按钮放在一起，这样可以表现出统一的感觉。

10.7.2　层级关系

把没有关联的按钮拉开一定距离，这样既可以比较好区分，还可以体现出层级关系。

10.7.3　善用阴影

阴影能产生视觉对比，可以引导用户看更加明亮的地方。

10.7.4　圆角边界

用圆角来定义边界，不仅很清晰，还很明显，而直角通常被用来"分割"内容。

10.7.5　强调重点

同一级别的按钮，我们要突出设计作用最重要的那个。

红色的按钮是最重要的一个

10.7.6　按钮尺寸

设计时尽量加大触摸点击面积，因为块状按钮的触摸面积相对较大，会让用户点击变得更加容易。

10.7.7　表述必须明确

当用户看到"确定""取消"以及"是""否"等提示按钮的时候，用户就需要思考两次才能确认。如果看到"保存""付款"等提示按钮，用户则可以直接拿定主意进行操作。所以，按钮表述必须明确。

第 11 章

进度条 / 输入框 / 日历和拨号界面

本章主要收录了 4 个界面制作的实战案例，涉及设置图层的样式效果、改变图形的显示区域等技巧。通过这些实战练习，读者可以掌握更多 APP 界面设计方法，使自己的作品显示出更加丰富多彩的视觉效果。

关　键
知识点

- ☑ 颜色搭配
- ☑ 氛围表现
- ☑ 蒙版应用
- ☑ 个性创意界面设计

Loading 游戏加载界面

● 光盘路径
Chapter11/Media

Keyword　矩形工具、圆角矩形工具、椭圆工具、图层样式

当进入页面加载时，短暂的等待中所看到的美丽界面设计是否能给你带来一瞬间的惊叹，让你不觉得等待是漫长的。只有精致的细节设计，才最能考验设计师的技术，同时也是最能打动人心的。

设计构思

本例是Loading游戏加载界面。设计师以深灰色圆角矩形为背景，通过添加图层样式使其表现出立体感，整体颜色配合也符合游戏加载页面的意境，文字的添加更突出了主题，最后利用图层样式制作进度条。

01 打开文件 执行"文件 > 打开"命令，或按下快捷键 <Ctrl+O>，在弹出的"打开"对话框中选择素材文件，完成后单击"确定"按钮，如图 01 02 所示。

02 绘制圆角矩形 单击工具箱中的"圆角矩形工具"按钮，在选项栏中选择工具的模式为"形状"，设置半径为 5 像素，绘制圆角矩形，如图 03 04 所示。

03 添加描边 单击"图层"面板下方的"添加图层样式"按钮，在弹出的下拉菜单中选择"描边"选项。之后在弹出的"图层样式"对话框中选择"描边"选项，设置参数，添加黑色描边效果，如图 05 06 所示。

04 添加内阴影 单击"图层"面板下方的"添加图层样式"按钮，在弹出的下拉菜单中选择"内阴影"选项。之后在弹出的"图层样式"对话框中选择"内阴影"选项，设置参数，添加内阴影效果，如图 07 08 所示。

05 添加渐变叠加 单击"图层"面板下方的"添加图层样式"按钮，在弹出的下拉菜单中选择"渐变叠加"选项。之后在弹出的"图层样式"对话框中选择"渐变叠加"选项，设置渐变色，添加渐变叠加效果，如图 09 10 所示。

06 添加投影 单击"图层"面板下方的"添加图层样式"按钮，在弹出的下拉菜单中选择"投影"选项。之后在弹出的"图层样式"对话框中选择"投影"选项，设置参数，添加投影效果，如图 11 12 所示。

07 绘制矩形 单击工具箱中的"矩形工具"按钮，在选项栏中选择工具的模式为"形状"，设置填充为深灰色（R：27，G：27，B：27），绘制矩形，如图 13 14 所示。

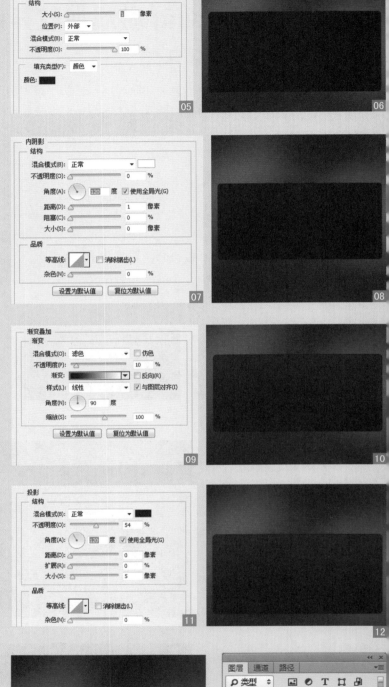

08 添加投影 单击"图层"面板下方的"添加图层样式"按钮，在弹出的下拉菜单中选择"投影"选项。之后在弹出的"图层样式"对话框中选择"投影"选项，设置参数，添加投影效果，如图 15 16 所示。

09 绘制正圆 单击工具箱中的"椭圆工具"按钮，在选项栏中选择工具的模式为"形状"，设置填充为红色（R：238，G：97，B：81），按下 <Shift> 键绘制正圆，如图 17 18 所示。

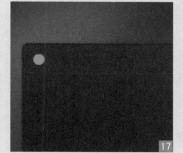

10 添加描边 单击"图层"面板下方的"添加图层样式"按钮，在弹出的下拉菜单中选择"描边"选项。之后在弹出的"图层样式"对话框中选择"描边"选项，设置参数，添加暗红色描边效果，如图 19 20 所示。

11 添加内阴影 单击"图层"面板下方的"添加图层样式"按钮，在弹出的下拉菜单中选择"内阴影"选项。之后在弹出的"图层样式"对话框中选择"内阴影"选项，设置参数，添加内阴影效果，如图 21 22 所示。

12 添加内发光 单击"图层"面板下方的"添加图层样式"按钮，在弹出的下拉菜单中选择"内发光"选项。之后在弹出的"图层样式"对话框中选择"内发光"选项，设置参数，添加内发光效果，如图 23 24 所示。

13 添加颜色叠加 单击"图层"面板下方的"添加图层样式"按钮,在弹出的下拉菜单中选择"颜色叠加"选项。之后在弹出的"图层样式"对话框中选择"颜色叠加"选项,设置颜色,添加颜色叠加效果,如图 25 26 所示。

14 添加渐变叠加 单击"图层"面板下方的"添加图层样式"按钮,在弹出的下拉菜单中选择"渐变叠加"选项。之后在弹出的"图层样式"对话框中选择"渐变叠加"选项,设置渐变色,添加渐变叠加效果,如图 27 28 所示。

15 添加投影 单击"图层"面板下方的"添加图层样式"按钮,在弹出的下拉菜单中选择"投影"选项。之后在弹出的"图层样式"对话框中选择"投影"选项,设置参数,添加投影效果,如图 29 30 所示。

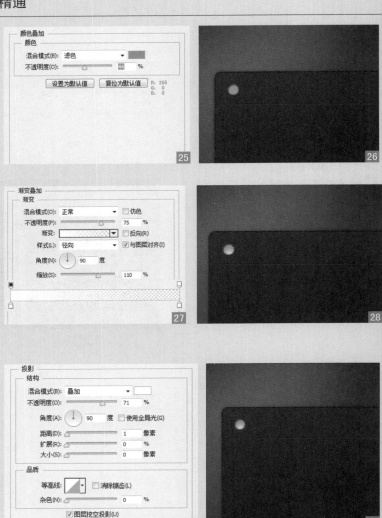

16 绘制椭圆 单击工具箱中的"椭圆工具"按钮,在选项栏中选择工具的模式为"形状",设置填充为白色,绘制椭圆,如图 31 32 所示。

17 减去顶层形状 再次单击工具箱中的"椭圆工具"按钮,在选项栏中选择"减去顶层形状"选项,绘制椭圆,设置图层的不透明度为 85%,如图 33 34 所示。

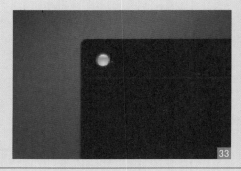

18 更多图形效果 利用相似方法绘制更多图形效果，如图 35 36 所示。

19 添加文字 单击工具箱中的"横版文字工具"按钮，在选项栏中设置字体为 Helvetica Neue，字号为"12"，颜色为白色和粉色（R：226，G：137，B：156），输入相应文字，如图 37 38 所示。

20 绘制圆角矩形 单击工具箱中的"圆角矩形工具"按钮，在选项栏中选择工具的模式为"形状"，设置填充为深灰色（R：28，G：28，B：28），半径为 20 像素，绘制圆角矩形，如图 39 40 所示。

21 添加内阴影 单击"图层"面板下方的"添加图层样式"按钮，在弹出的下拉菜单中选择"内阴影"选项。之后在弹出的"图层样式"对话框中选择"内阴影"选项，设置参数，添加内阴影效果，如图 41 42 所示。

22 添加阴影 单击"图层"面板下方的"添加图层样式"按钮，在弹出的下拉菜单中选择"投影"选项。之后在弹出的"图层样式"对话框中选择"投影"选项，设置参数，添加投影效果，如图 43 44 所示。

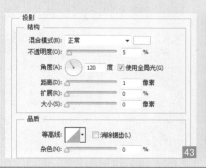

23 **复制图层** 选择"圆角矩形 2"图层，按下〈Ctrl+J〉组合键将其复制一层，为其填充浅蓝色（R：81，G：176，B：214）。之后单击工具栏中的"矩形工具"按钮，在选项栏中选择"减去顶层形状"选项，绘制矩形，如图45 46所示。

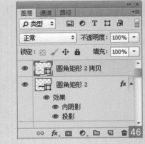

24 **添加描边** 单击"图层"面板下方的"添加图层样式"按钮，在弹出的下拉菜单中选择"描边"选项。之后在弹出的"图层样式"对话框中选择"描边"选项，设置参数，添加黑色描边效果，如图47 48所示。

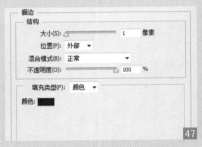

25 **添加内阴影** 单击"图层"面板下方的"添加图层样式"按钮，在弹出的下拉菜单中选择"内阴影"选项。之后在弹出的"图层样式"对话框中选择"内阴影"选项，设置参数，添加内阴影效果，如图49 50所示。

26 **添加渐变叠加** 单击"图层"面板下方的"添加图层样式"按钮，在弹出的下拉菜单中选择"渐变叠加"选项。之后在弹出的"图层样式"对话框中选择"渐变叠加"选项，设置参数，添加渐变叠加效果，如图51 52所示。

27 **添加文字** 执行"文件〉打开"命令，或按下快捷键〈Ctrl+O〉，在弹出的"打开"对话框中选择素材文件，完成后单击"确定"按钮。单击工具栏中的"横版文字工具"按钮，在选项栏中设置字体为 Helvetica Neue，字号为"10"，颜色为白色，输入相应文字，如图53 54所示。

日历和拨号界面

● 光盘路径

Chapter11/Media

Section

11.2

● Level ————
◇◇◇
● Version ————
CS4 CS5 CS6 CC

Keyword　矩形工具、圆角矩形工具、椭圆工具、图层样式

日历和拨号界面都是智能手机中常见的界面，一个良好的界面设计应该考虑到布局控制、视觉平衡、色彩搭配和文字的可阅读性这几点。

设计构思

本案例涉及了日历界面和拨号界面两个常用界面。其中日历界面以紫色为背景绘制半透明效果，界面时尚又简洁明了。拨号界面则以深蓝色到浅蓝色的渐变为背景，绘制上个性化的图标，倒影的绘制则是点睛之笔，使整体显得精致又大气。

01 打开文件　执行"文件＞打开"命令，或按下快捷键＜Ctrl+O＞，在弹出的"打开"对话框中选择素材文件，完成后单击"确定"按钮，如图 **01 02** 所示。

02 绘制圆角矩形　单击工具箱中的"圆角矩形工具"按钮，在选项栏中选择工具的模式为"形状"，设置填充为绿色（R:140,G:221,B:214），半径为 5 像素，绘制圆角矩形，设置图层的填充为 12%，如图 **03 04** 所示。

03 **绘制形状** 单击工具箱中的"钢笔工具"按钮，在选项栏中选择工具的模式为"形状"，设置填充为绿色（R:140,G:221,B:214），在圆角矩形上方绘制形状，设置图层的填充为20%，利用相似方法继续在圆角矩形下方绘制形状，如图 05 06 所示。

04 **绘制形状** 单击工具箱中的"钢笔工具"按钮，在选项栏中选择工具的模式为"形状"，设置填充为白色，绘制形状，设置图层的填充为45%，如图 07 08 所示。

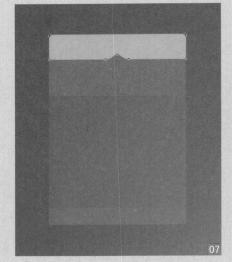

05 **绘制形状** 单击工具箱中的"钢笔工具"按钮，在选项栏中选择工具的模式为"形状"，设置填充为绿色（R:68,G:121,B:176），绘制形状，设置图层的填充为25%，如图 09 10 所示。

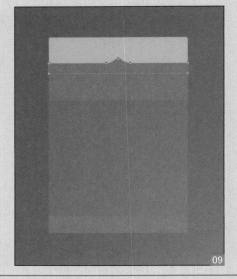

06 添加蒙版 单击"图层"面板下方的"添加图层蒙版"按钮，之后单击工具栏中的"画笔工具"按钮，在蒙版中涂抹，隐藏不需要的部分，如图 11 12 所示。

07 添加文字 单击工具栏中的"横版文字工具"按钮，在选项栏中设置字体为 Helvetica Neue 45Light，字号为"17.84"，颜色分别为白色和深蓝色（R：10，G：35，B：84），分别输入相应文字，之后设置"2015"图层的不透明度为 65%，如图 13 14 所示。

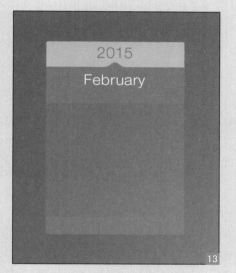

08 绘制形状 单击工具栏中的"钢笔工具"按钮，在选项栏中选择工具的模式为"形状"，设置填充为白色，绘制形状，得到"形状 1"图层。之后按下 <Ctrl+J> 组合键将图层复制一层，再按下 <Ctrl+T> 组合键，在画面中右击选择"水平翻转"命令，将形状向右平移，按下 <Enter> 键结束操作，如图 15 16 所示。

09 **添加文字** 单击工具栏中的"横版文字工具"按钮，在选项栏中设置字体为Helvetica Neue 35Thin，字号分别为6.94点和11.91点，颜色分别为白色和淡紫色（R：192，G：197，B：219），输入相应文字，如图17 18所示。

10 **绘制正圆** 单击工具栏中的"椭圆工具"按钮，在选项栏中选择工具的模式为"形状"，设置填充为红色（R：255，G：51，B：55），按下〈Shift〉键绘制正圆。之后设置图层的混合模式为"变亮"，图层的填充为80%，将图层移动到文字图层下方，如图19 20所示。

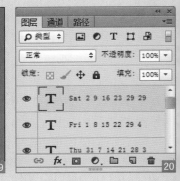

11 **绘制正圆** 单击工具栏中的"椭圆工具"按钮，在选项栏中选择工具的模式为"形状"，设置填充为绿色（R：56，G：244，B：198），按下〈Shift〉键绘制正圆。之后设置图层的混合模式为"叠加"，图层的填充为60%，将图层移动到文字图层下方，如图21 22所示。

12 **添加描边** 单击"图层"面板下方的"添加图层样式"按钮，在弹出的"图层样式"对话框中选择"描边"选项，设置参数，添加白色描边效果，如图23 24所示。

13 更多形状效果 使用同样方法制作其他形状效果，这个日历界面设计案例就完成了，如图 25 26 所示。

14 打开文件 执行"文件 > 打开"命令，或按下快捷键 <Ctrl+O>，在弹出的"打开"对话框中选择素材文件，完成后单击"确定"按钮，如图 27 28 所示。

15 绘制选区 单击工具箱中的"矩形选框工具"按钮，绘制矩形选区。之后新建图层，设置前景色为白色，按下 <Alt+Delete> 组合键为选区填充白色，设置图层的不透明度为 2%，如图 29 30 所示。

16 **绘制矩形** 单击工具箱中的"矩形选框工具"按钮,绘制矩形选区。之后新建图层,设置前景色为深蓝色(R:24,G:38,B:49),按下<Alt+Delete>组合键为选区填充深蓝色,如图 31 32 所示。

17 **绘制矩形** 单击工具箱中的"矩形选框工具"按钮,绘制矩形选区。之后新建图层,设置前景色为白色,按下<Alt+Delete>组合键为选区填充白色,如图 33 34 所示。

18 **添加渐变效果** 设置图层的不透明度为100%,单击"图层"面板下方的"添加图层样式"按钮,在弹出的"图层样式"对话框中勾择"渐变"选项,设置渐变色,添加渐变效果,如图 35 36 所示。

19 **导入素材** 执行"文件 >打开"命令,或按下快捷键<Ctrl+O>,在弹出的"打开"对话框中选择素材文件,完成后单击"确定"按钮,将素材文件拖拽至场景文件中,如图 27 28 所示。

20 **添加文字**　单击工具箱中的
"横版文字工具"按钮，在选
项栏中设置字体为 Acens，字
号为 44.22 点，颜色为灰色（R：
206，G：206，B：206），输入
相应文字，如图 39 40 所示。

21 **添加内阴影**　单击"图层"
面板下方的"添加图层样式"
按钮，在弹出的"图层样式"
对话框中选择"内阴影"选项，
设置参数，添加内阴影效果，
如图 41 42 所示。

22 **添加渐变效果**　单击"图层"
面板下方的"添加图层样式"
按钮，在弹出的"图层样式"
对话框中选择"渐变"选项，
设置渐变色，添加渐变效果，
如图 43 44 所示。

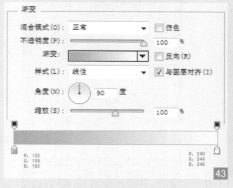

23 **添加文字**　单击工具箱中的
"横版文字工具"按钮，在选
项栏中设置字体为 Acens，字
号为"16"，颜色为灰色（R：
99，G：109，B：119），输入
相应文字，如图 45 46 所示。

24 **绘制亮光** 单击工具箱中的"画笔工具"按钮，在选项栏中选择"柔角画笔"，设置前景色为蓝色（R：0，G：211，B：255），在画面中涂抹出所需效果。之后设置图层的混合模式为"滤色"，不透明度为80%，如图47 48所示。

25 **导入素材** 执行"文件＞打开"命令，或按下快捷键〈Ctrl+O〉，在弹出的"打开"对话框中选择素材文件，完成后单击"确定"按钮，将素材文件拖拽至场景文件中，如图49 50所示。

26 **添加蒙版** 单击"图层"面板下方的"添加图层蒙版"按钮，单击工具箱中的"画笔工具"按钮，在选项栏中选择"柔角画笔"，设置前景色为黑色，在蒙版中涂抹，隐藏不需要的部分，如图51 52所示。

27 **绘制形状** 单击工具箱中的"钢笔工具"按钮,在选项栏中选择工具的模式为"形状",绘制形状,得到"形状1"图层,如图 53 54 所示。

28 **添加描边** 单击"图层"面板下方的"添加图层样式"按钮,在弹出的"图层样式"对话框中选择"描边"选项,设置参数,添加描边效果,如图 55 56 所示。

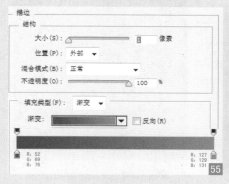

29 **添加渐变效果** 单击"图层"面板下方的"添加图层样式"按钮,在弹出的"图层样式"对话框中选择"渐变叠加"选项,设置渐变色,添加渐变效果,如图 57 58 所示。

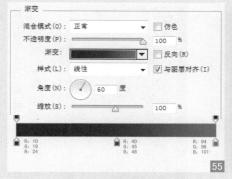

30 **复制图层** 将"形状1"图层复制一层,按下 <Ctrl+T> 组合键后,在画面中右击选择"水平翻转"选项,将图像向右平移,按下 <Enter> 键结束操作,如图 59 60 所示。

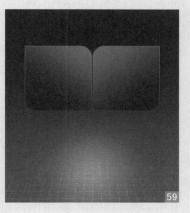

31 复制图层 利用相似的方法，复制图像。之后选择"形状1拷贝2"和"形状1拷贝3"，设置图层的填充为0，更改"渐变叠加"选项。接着单击"图层"面板下方的"添加图层样式"按钮，选择"渐变"选项，添加渐变效果，如图61 62所示。

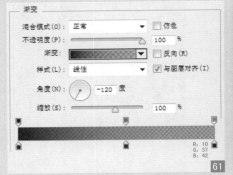

32 复制图层 按下〈Shift〉键将"形状1"和"形状1拷贝"图层复制一层，右键单击图层后选择"清除图层样式"选项再次右键单击图层后选择"合并图层"选项，将图像向下平移，设置图层的不透明度为40%，如图63 64所示。

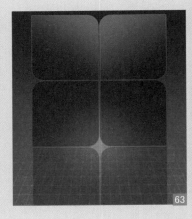

33 添加蒙版 单击"图层"面板下方的"添加图层蒙版"按钮，单击工具箱中的"画笔工具"按钮，在选项栏中选择"柔角画笔"，设置前景色为黑色，在蒙版中涂抹隐藏不需要的部分，如图65 66所示。

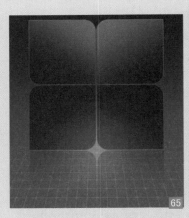

34 绘制形状 单击工具箱中的"钢笔工具"按钮，在选项栏中选择工具的模式为"形状"，设置填充为白色，绘制相应形状，如图67 68所示。

35 **添加渐变叠加** 单击"图层"面板下方的"添加图层样式"按钮，在弹出的"图层样式"对话框中选择"渐变"选项，设置渐变色，添加渐变效果，如图 69　70 所示。

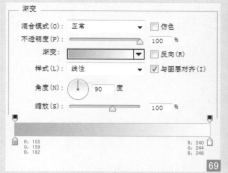

36 **添加图标注释文字** 单击工具箱中的"横版文字工具"按钮，在选项栏中设置字体为 Franklin Gothic Mediun，字号为"16"，颜色为白色，输入图标注释文字，如图 71　72 所示。

37 **添加来电次数文字** 单击工具箱中的"横版文字工具"按钮，在选项栏中设置字体为 Acens，字号为"30"，颜色为黄色（R：250，G：168，B：26），输入来电次数文字，如图 73　74 所示。

38 **添加描边** 单击"图层"面板下方的"添加图层样式"按钮，在弹出的"图层样式"对话框中选择"描边"选项，设置参数，添加红色描边效果，如图 75　76 所示。

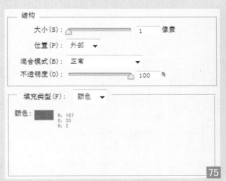

39 **添加渐变叠加** 单击"图层"面板下方的"添加图层样式"按钮，在弹出的"图层样式"对话框中选择"渐变"选项，设置渐变色，添加渐变效果，如图 77 78 所示。

40 **添加外发光** 单击"图层"面板下方的"添加图层样式"按钮，在弹出的"图层样式"对话框中选择"外发光"选项，设置参数，添加外发光效果，如图 79 80 所示。

41 **绘制椭圆** 单击工具箱中的"椭圆工具"按钮，在选项栏中选择工具的模式为"形状"，设置颜色为黑色，绘制正圆，如图 81 82 所示。

42 **添加描边** 单击"图层"面板下方的"添加图层样式"按钮，在弹出的"图层样式"对话框中选择"描边"选项，设置参数，添加橙色描边效果，如图 83 84 所示。

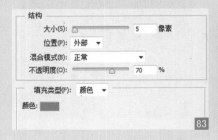

43 **添加外发光** 单击"图层"面板下方的"添加图层样式"按钮，在弹出的"图层样式"对话框中选择"外发光"选项，设置参数，添加外发光效果，如图 85 86 所示。

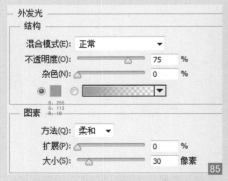

44　绘制形状　单击工具箱中的"椭圆选框工具"按钮，绘制正圆选区，设置前景色为白色，按下〈Alt+Delete〉组合键为选区填充白色，再按下〈Ctrl+D〉组合键取消选区，设置图层的不透明度为5%，如图 87 88 所示。

45　添加描边　单击工具箱中的"画笔工具"按钮，在选项栏中选择"柔角画笔"，设置前景色为白色。新建图层并绘制高光。单击图层面板下方的"添加矢量蒙版"按钮，再次单击工具箱中的"画笔工具"按钮，设置前景色为黑色，在蒙版中涂抹隐藏不需要的部分，如图 89 90 所示。

46　添加渐变叠加　单击工具箱中的"钢笔工具"按钮，在选项栏中选择工具的模式为形状，设置填充为橙色（R：231，G：134，B：23），绘制形状，如图 91 92 所示。

47　复制图层　单击"图层"面板下方的"添加图层样式"按钮，在弹出的"图层样式"对话框中选择"描边"选项，设置参数，添加棕色描边效果，如图 93 94 所示。

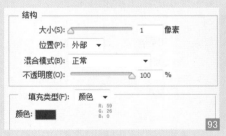

48　描边　新建图层，按下 Ctrl键的同时单击"圆"图层缩略图，载入选区，执行"编辑＞描边"命令，在弹出的对话框中设置宽度为3像素，颜色为黄色（R：255，G：179，B：45），如图 95 96 所示。

49 **复制图层** 将"身体"图层复制一层,按下〈Ctrl+T〉组合键自由变化大小,按下〈Enter〉键结束。之后右键单击图层,选择"清除图层样式"选项,如图 97 98 所示。

50 **添加渐变叠加** 单击"图层"面板下方的"添加图层样式"按钮,在弹出的"图层样式"对话框中选择"渐变叠加"选项,设置渐变色,添加渐变叠加效果,如图 99 100 所示。

51 **绘制形状** 单击工具箱中的"钢笔工具"按钮,在选项栏中选择工具的模式为"形状",绘制形状,之后设置图层的不透明度为0,如图 101 102 所示。

52 **添加描边** 单击"图层"面板下方的"添加图层样式"按钮,在弹出的"图层样式"对话框中选择"描边"选项,设置参数,添加红色描边效果,如图 103 104 所示。

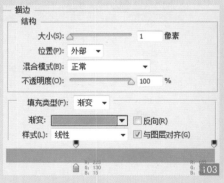

53 **添加内发光** 单击"图层"面板下方的"添加图层样式"按钮,在弹出的"图层样式"对话框中选择"内发光"选项,设置参数,添加内发光效果,如图 105 106 所示。

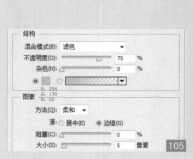

54 添加渐变叠加 单击"图层"面板下方的"添加图层样式"按钮，在弹出的"图层样式"对话框中选择"渐变叠加"选项，设置渐变色，添加渐变叠加效果，如图 107 108 所示。

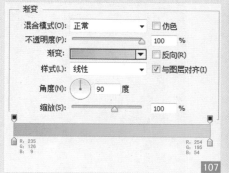

55 绘制形状 单击工具箱中的"钢笔工具"按钮，在选项栏中选择工具的模式为"形状"，绘制形状，之后设置图层的不透明度为 0，如图 109 110 所示。

56 添加渐变叠加 单击"图层"面板下方的"添加图层样式"按钮，在弹出的"图层样式"对话框中选择"渐变叠加"选项，设置渐变色，添加渐变叠加效果，如图 111 112 所示。

57 填充颜色 按下〈Ctrl〉键的同时单击"头部"图层缩略图，调出选区，设置前景色为浅黄色（R：255，G：233，B：197），按下〈Alt+Delete〉组合键为选区填充颜色，之后取消选区，设置图层的不透明度为 60%，如图 113 114 所示。

58 添加蒙版 单击"图层"面板下方的"添加图层蒙版"按钮，再次单击工具箱中的"画笔工具"按钮，设置前景色为黑色，在蒙版中涂抹隐藏不需要的部分，如图 115 116 所示。

59 绘制高光 利用相似的方法，绘制其他高光区域，如图 117 118 所示。

60 绘制椭圆 单击工具栏中的"椭圆工具"按钮，在选项栏中选择工具的模式为"形状"，设置颜色为深蓝色（R：7，G：101，B：122），绘制椭圆，如图 119 120 所示。

61 添加描边 单击"图层"面板下方的"添加图层样式"按钮，在弹出的"图层样式"对话框中选择"描边"选项，设置参数，添加蓝色描边效果，如图 121 122 所示。

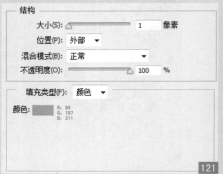

62 绘制椭圆 单击工具栏中的"椭圆工具"按钮，在选项栏中选择工具的模式为"形状"，设置颜色为深蓝色（R：24，G：122，B：144），绘制椭圆，如图 123 124 所示。

63 绘制圆环 单击工具栏中的"椭圆工具"按钮，在选项栏中选择工具的模式为"形状"，设置颜色为深蓝色（R：213，G：246，B：248），绘制椭圆。之后再次单击"椭圆工具"按钮，在选项栏中选择"减去顶层形状"选项，绘制同心圆，如图 125 126 所示。

64 添加描边 单击"图层"面板下方的"添加图层样式"按钮，在弹出的"图层样式"对话框中选择"描边"选项，设置参数，添加白色描边效果，如图 127 128 所示。

65 添加渐变叠加 单击"图层"面板下方的"添加图层样式"按钮，在弹出的"图层样式"对话框中选择"渐变叠加"选项，设置渐变色，添加渐变叠加效果，如图 129 130 所示。

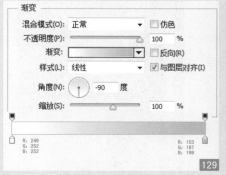

66 添加描边 单击"图层"面板下方的"添加图层样式"按钮，在弹出的"图层样式"对话框中择选"描边"选项，设置参数，添加白色描边，如图 131 132 所示。

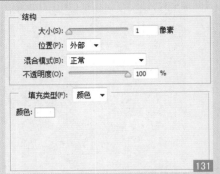

67 绘制同心圆 单击工具栏中的"椭圆工具"按钮，设置前景色为白色，在画面中绘制正圆，再次单击"椭圆工具"按钮，在选项栏中选择"减去顶层形状"选项，在画面中绘制同心圆，如图 133 134 所示。

68 添加蒙版 单击"图层"面板下方的"添加图层蒙版"按钮，再次单击工具箱中的"画笔工具"按钮，设置前景色为黑色，在蒙版中涂抹隐藏不需要的部分，如图 135 136 所示。

69 绘制高光 单击工具栏中的"画笔工具"按钮，在选项栏中选择"柔角画笔"，设置前景色为白色。之后新建图层并绘制高光。最后利用以上方法绘制其他高光效果从而完成本案例的设计，如图 137 138 所示。

Section

11.3

● Level
◇◇◇
● Version
CS4 CS5 CS6 CC

清新主题的对话框

● 光盘路径
Chapter11/Media

Keyword　矩形工具、圆角矩形工具、椭圆工具、图层样式

　　对话框是人们联络感情、传递信息的媒介，短信、QQ等聊天工具中都有对话框的身影。一个绚丽多彩的聊天对话框，可以帮使用者打造精彩的聊天体验，而一个个性化的对话框，则可以使人心情愉快。

设计构思

　　本例制作的是聊天对话框。设计师首先选择蓝色到紫色的清新风格渐变背景，其次绘制出对话框的圆滑线条，给人以轻松舒适的感觉，这种半透明的立体质地又不失时尚，最后制作出人物头像，这款清新风格的对话框就制作完成了。

01 打开文件　执行"文件 > 打开"命令，或按下快捷键 <Ctrl+O>，在弹出的"打开"对话框中选择素材文件，完成后单击"确定"按钮结束操作，如图 01 02 所示。

02 绘制形状　单击工具箱中的"钢笔工具"按钮，在选项栏中选择工具的模式为"形状"，设置填充为白色，绘制形状，之后设置图层的填充为 30%，如图 03 04 所示。

03 **绘制斜面和浮雕** 单击"图层"面板下方的"添加图层样式"按钮，在弹出的"图层样式"对话框中选择"斜面和浮雕"选项，设置参数，添加斜面和浮雕效果，如图 05 06 所示。

04 **添加描边** 单击"图层"面板下方的"添加图层样式"按钮，在弹出的"图层样式"对话框中选择"描边"选项，设置参数，添加灰色描边效果，如图 07 08 所示。

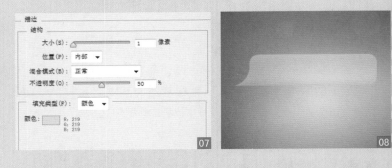

05 **添加内阴影** 单击"图层"面板下方的"添加图层样式"按钮，在弹出的"图层样式"对话框中选择"内阴影"选项，设置参数，添加内阴影效果，如图 09 10 所示。

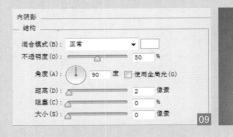

06 **绘制渐变叠加** 单击"图层"面板下方的"添加图层样式"按钮，在弹出的"图层样式"对话框中选择"渐变叠加"选项，设置渐变色，添加渐变叠加效果，如图 11 12 所示。

07 **添加投影** 单击"图层"面板下方的"添加图层样式"按钮，在弹出的"图层样式"对话框中选择"投影"选项，设置参数，添加投影效果，如图 13 14 所示。

08 添加内发光 单击工具箱中的"椭圆工具"按钮，在选项栏中选择工具的模式为"形状"，设置填充为黑色，绘制形状，如图15 16所示。

09 添加渐变叠加 单击"图层"面板下方的"添加图层样式"按钮，在弹出的"图层样式"对话框中选择"渐变叠加"选项，设置渐变色，添加渐变叠加效果，如图17 18所示。

10 绘制椭圆 单击"图层"面板下方的"添加图层样式"按钮，在弹出的"图层样式"对话框中选择"投影"选项，设置参数，添加投影效果，如图19 20所示。

11 添加渐变叠加 执行"文件 > 打开"命令，或按下快捷键〈Ctrl+O〉，在弹出的"打开"对话框中选择素材文件。之后将素材文件拖曳至场景文件中，按下〈Ctrl+T〉组合键，将素材自由缩放到合适位置，右键单击图层后选择"创建剪贴蒙版"命令，如图21 22所示。

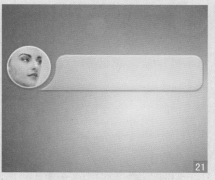

12 添加投影 单击工具箱中的"横版文字工具"按钮，在选项栏中分别设置字体为Helvetica Neue、Adobe 黑体Std，字号分别为"12"、"13"，颜色分别为白色、深灰色（R：41，G：41，B：41），输入相应文字完成本案例设计，如图23 24所示。

Section

11.4

● Level
◇◇◇
● Version
CS4 CS5 CS6 CC

个性报错界面设计

● 光盘路径
Chapter11/Media

Keyword　钢笔工具、矩形工具、横版文字工具、图层样式

"报错页面"是指在服务器找不到指定的页面时所显示的画面，如果手机网页的报错页面都是默认的画面，会显得非常单调。本身访问到错误页面是不愉快的用户体验，而有意思的报错页面可以减少用户使用时的挫折感，并显示网站对用户体验细节的关注。

设计构思

本例是个性报错页面的设计。设计师很有创意地用冰淇淋来作为报错页面的个性元素，通过钢笔工具绘制404形状，再结合钢笔工具和图层样式表现冰淇淋冰霜融化的形态，最后绘制掉落的卷筒，突出了报错界面的主题，让用户感受到不一样且新奇的报错界面。

01 **打开文件**　执行"文件 >
打开"命令，或按下快捷键
<Ctrl+O>，在弹出的"打开"
对话框中选择素材文件，完成
后单击"确定"按钮，如图 01
02 所示。

02 **绘制形状**　单击工具箱中的
"钢笔工具"按钮，在选项栏
中选择工具的模式为"形状"，
设置填充为红色（R:209，G:11，
B:57），绘制形状，得到"形
状 1"图层，如图 03　04 所示。

03 绘制渐变叠加 单击"形状1"图层，按下〈Ctrl+J〉组合键将图层复制一层。之后单击"图层"面板下方的"添加图层样式"按钮，在弹出的"图层样式"对话框中选择"渐变叠加"选项，设置参数，添加渐变叠加效果，如图 05 06 所示。

04 复制图层 单击"形状1"图层，按下〈Ctrl+J〉组合键将图层复制一层。之后单击"图层"面板下方的"添加图层样式"按钮，在弹出的"图层样式"对话框中选择"斜面和浮雕"选项，设置参数，添加斜面和浮雕效果，如图 07 08 所示。

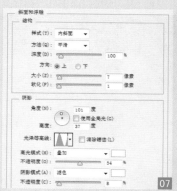

05 复制图层 单击"形状1"图层，按下〈Ctrl+J〉组合键将图层复制一层。之后单击"图层"面板下方的"添加图层样式"按钮，在弹出的"图层样式"对话框中选择"斜面和浮雕"选项，设置参数，添加斜面和浮雕效果，如图 09 10 所示。

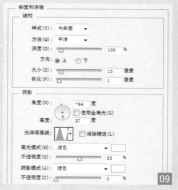

06 绘制斜面和浮雕 单击"形状1"图层，按下〈Ctrl+J〉组合键将图层复制一层，之后单击"图层"面板下方的"添加图层样式"按钮，在弹出的"图层样式"对话框中选择"斜面和浮雕"选项，设置参数，添加斜面和浮雕效果，如图 11 12 所示。

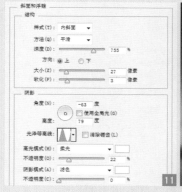

07 添加内阴影 单击"形状1"图层，按下 <Ctrl+J> 组合键将图层复制一层，之后单击"图层"面板下方的"添加图层样式"按钮，在弹出的"图层样式"对话框中选择"内阴影"选项，设置参数，添加内阴影效果，如图 13 14 所示。

08 绘制形状 单击工具箱中的"钢笔工具"按钮，在选项栏中选择工具的模式为"形状"，绘制形状，得到"形状2"图层，设置图层的填充为0，如图 15 16 所示。

09 添加斜面和浮雕 单击"图层"面板下方的"添加图层样式"按钮，在弹出的"图层样式"对话框中选择"斜面和浮雕"选项，设置参数，添加斜面和浮雕效果，如图 17 18 所示。

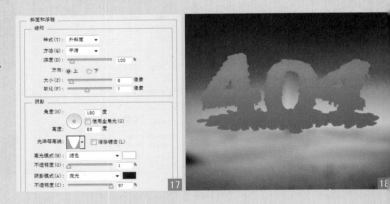

10 添加渐变叠加 单击"图层"面板下方的"添加图层样式"按钮，在弹出的"图层样式"对话框中选择"渐变叠加"选项，设置参数，添加渐变叠加效果，如图 19 20 所示。

11 复制图层　单击"形状 2"图层，按下〈Ctrl+J〉组合键将图层复制一层，右键单击图层后选择"清除图层样式"命令。接着单击"图层"面板下方的"添加图层样式"按钮，在弹出的"图层样式"对话框中选择"斜面和浮雕"选项，设置参数，添加斜面和浮雕效果，如图21 22所示。

12 复制图层　单击"形状 2"图层，按下〈Ctrl+J〉组合键将图层复制一层，右键单击图层选择"清除图层样式"命令，接着单击"图层"面板下方的"添加图层样式"按钮，在弹出的"图层样式"对话框中选择"斜面和浮雕"选项，设置参数，添加斜面和浮雕效果，如图23 24 所示。

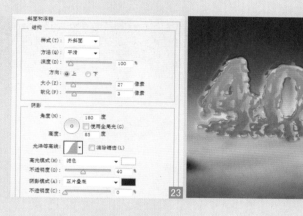

13 复制图层　单击"形状 2"图层，按下〈Ctrl+J〉组合键将图层复制一层，右键单击图层选择"清除图层样式"命令，接着单击"图层"面板下方的"添加图层样式"按钮，在弹出的"图层样式"对话框中选择"斜面和浮雕"选项，设置参数，添加斜面和浮雕效果，如图25 26所示。

14 创建新组　单击"图层"面板下方的"创建新组"按钮，将"形状 2"图层到"形状 2 拷贝 3"图层拖入组内。之后按下〈Ctrl〉键同时单击"形状"图层缩略图，调出"形状 1"选区，选中组，单击"图层"面板下方的"添加矢量蒙版"按钮，如图27 28所示。

15 绘制阴影 新建图层，单击工具箱中的"画笔工具"按钮，在选项栏中选择"柔角画笔"，调低不透明度，设置前景色为黑色，绘制阴影，将图层移动到"形状 1"图层下方，如图 29 30 所示。

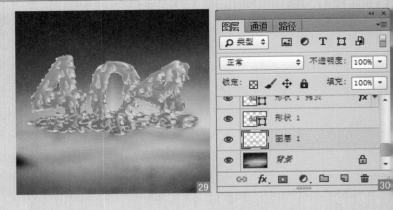

16 绘制三角形 单击工具箱中的"多边形工具"按钮，在选项栏中选择工具的模式为"形状"，设置填充为黄色（R: 225, G: 174, B: 97），边为 3，取消勾选星型，绘制三角形，得到"多边形 1"，如图 31 32 所示。

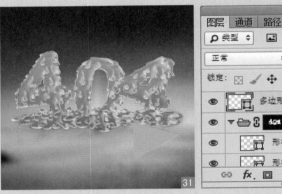

17 添加内阴影 单击"图层"面板下方的"添加图层样式"按钮，在弹出的"图层样式"对话框中选择"内阴影"选项，设置参数，添加内阴影效果，如图 33 34 所示。

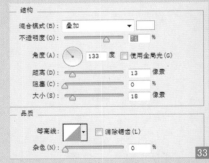

18 添加渐变叠加 单击"图层"面板下方的"添加图层样式"按钮，在弹出的"图层样式"对话框中选择"渐变叠加"选项，设置参数，添加渐变叠加效果，如图 35 36 所示。

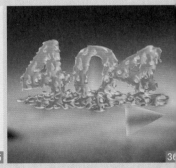

19 添加投影　单击"图层"面板下方的"添加图层样式"按钮，在弹出的"图层样式"对话框中选择"投影"选项，设置参数，添加投影效果，如图37 38所示。

20 绘制形状　单击工具箱中的"钢笔工具"按钮，在选项栏中选择工具的模式为"形状"，设置填充为黄色（R：111，G：74，B：35），绘制形状，得到"形状 3"图层，如图39 40所示。

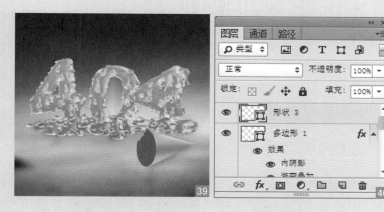

21 添加渐变叠加　单击"图层"面板下方的"添加图层样式"按钮，在弹出的"图层样式"对话框中选择"渐变叠加"选项，设置参数，添加渐变叠加效果，如图41 42所示。

22 绘制形状　单击工具箱中的"钢笔工具"按钮，在选项栏中选择工具的模式为"形状"，设置填充为黄色（R：157，G：108，B：56），绘制形状，得到"形状 4"图层，如图43 44所示。

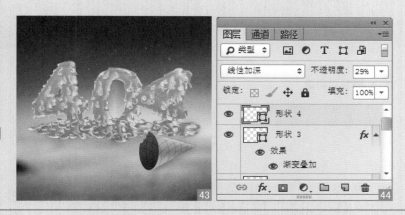

23 添加内发光 单击"形状3"图层，按下〈Ctrl+J〉组合键将图层复制一层。之后右键单击图层选择"清除图层样式"命令，设置图层的填充为0。再单击"图层"面板下方的"添加图层样式"按钮，选择"内发光"选项，设置参数，添加内发光效果，如图 45 46 所示。

24 绘制阴影 新建图层，单击工具箱中的"画笔工具"按钮，在选项栏中选择"柔角画笔"，调低不透明度，设置前景色为黑色，绘制阴影，之后将图层移动到"多边形1"图层下方，如图 47 48 所示。

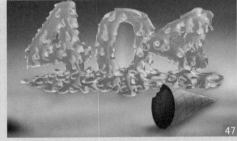

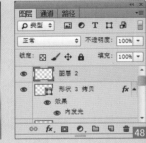

25 添加文字 利用制作404文字的方法，制作其他效果。单击工具栏中的"横版文字工具"，在选项栏中设置字体为cafeta，字号分别为"30"、"22"，颜色分别为深灰色（R：76，G：76，B：75）、灰色（R：128，G：128，B：128），输入相应文字，如图 49 50 所示。

26 绘制圆角矩形 单击工具栏中的"圆角矩形工具"，在选项栏中选择工具的模式为"形状"，设置填充为白色，半径为5像素，绘制圆角矩形，如图 51 52 所示。

27 添加内阴影 单击"图层"面板下方的"添加图层样式"按钮，在弹出的"图层样式"对话框中选择"内阴影"选项，设置参数，添加内阴影效果，如图 53 54 所示。

28 **添加内发光** 单击"图层"面板下方的"添加图层样式"按钮，选择"渐变叠加"选项，设置参数，添加渐变叠加效果，如图 55 56 所示。

29 **添加投影** 单击"图层"面板下方的"添加图层样式"按钮，在弹出的"图层样式"对话框中选择"投影"选项，设置参数，添加投影效果，如图 57 58 所示。

30 **添加文字** 利用相似方法制作更多按钮效果。之后单击工具栏中的"横版文字工具"，在选项栏中设置字体为 Myriad Pro Bold condensed，字号为 18.49 点，颜色为灰色（R：128，G：128，B：128），输入相应文字，如图 59 60 所示。

31 **绘制圆角矩形** 单击工具箱中的"钢笔工具"按钮，在选项栏中选择工具的模式为"形状"，设置填充为黑色，绘制上方的飘带形状，如图 61 62 所示。

32 **绘制形状** 单击工具栏中的"横版文字工具"，在选项栏中设置字体分别为 Pacifico、Bebas Neue，字号分别为 92.38 点、49.82 点，颜色分别为深灰色（R：112，G：112，B：38）、白色，输入相应文字，如图 63 64 所示。

11.5
UI 设计师必读：如何设计进度条

这是一个讲究效率的时代，常常会听到"好慢！""等得烦死了！"这样的抱怨，每次看到加载的进度条或者是"loading…"后面的三个点不停的闪动，却一直还在加载时，用户会心里产生莫名的烦躁感。通过以下几点对进度条的改造，可以减轻用户等待的烦躁情绪。

11.5.1 紧凑型设计

如果说等待是个漫长的过程，那么在设计时可以利用这点来设计出符合或者超越用户期待的画面，这样对提升用户体验有所帮助。

我们可以在加载开始之前让用户做好心理准备，降低他们的期待。例如在扫描前通过弹框的方式提醒用户：扫描过程较为漫长，请您耐心等待。这样到最终扫描结束，用户可能会发觉其实扫描并不是那么的漫长，也就变相地超越了用户的期待。

11.5.2 可视化

想象一下，如果当进度条出现后，所有信息都是静止的：进度条没有移动、没有当前扫描的进度、没有变化的数字，这种等待会让用户产生焦虑和不安，他们会疑惑"到底什么时候才会扫描完成？""计算机是否在正常工作？"因此在做进度条设计时，应该大量提供变化的信息，给出足够的反馈，让用户了解扫描的进度，明白计算机在正常运作，知道他们的等待是合理的。

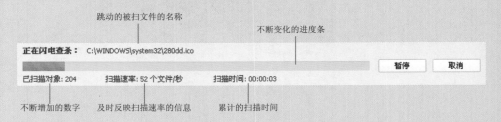

11.5.3 减少等待时间

在等待的过程中穿插一些有趣的事情，分散用户的注意力，来提高用户的等待体验。

比如在有些游戏加载的过程中会出现另一些小游戏，将用户的注意力吸引到这个小游戏上，从而不会关注加载的进度。某款安全软件也采用了这种方法，当用户进入较长的扫描等待时，界面上会弹出气泡提示用户可以进入皮肤中心换一换界面的皮肤。从这点出发，很多加载比较慢的软件都可以利用这种方式，既提高了等待的体验，也起到了广告宣传的作用。

第 12 章

导航、列表和设置

本章主要收录了4个界面实战案例，涉及图层样式、混合模式、自定义画笔等技巧和方法。通过本章的学习，读者不仅可以学到更高级的操作技巧，还可以熟练掌握设计整体手机界面的工作流程。

关 键
知识点

- ☑ 水晶质感表现
- ☑ 发光效果表现
- ☑ 画笔工具应用
- ☑ 矢量工具加减法
- ☑ 设计导航和标题栏

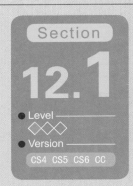

Section

12.1

● Level
◇◇◇

● Version
CS4 CS5 CS6 CC

水晶质感的开关

● 光盘路径
Chapter12/Media

Keyword　　圆角矩形工具、横版文字工具、图层样式

　　水晶晶莹剔透、光芒四射、高贵精致，历来深受人们青睐。开关则是生活中必须用到的工具，将晶莹剔透的水晶和机械化的开关结合在一起，一定能碰撞出不一样的火花。

设计构思

　　本例是制作水晶质感开关。设计师首先将圆角矩形进行圆滑处理，接着通过图层样式的叠加绘制出立体的底座，再利用类似方法表现出水晶质感滑动槽，然后绘制立体感十足的滑动块，最后添加文字突出主题。

01 新建文件 执行"文件＞新建"命令，在弹出的"新建"对话框中新建一个宽度和高度分别为 1520×1040 像素的空白文档，完成后单击"确定"按钮结束。之后设前景色为灰色（R：235，G：235，B：235），按下快捷键〈Alt+Delete〉填充颜色，如图 01 02 所示。

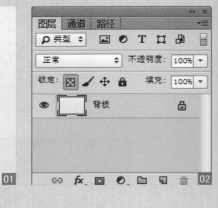

02 绘制圆角矩形 单击工具栏中的"圆角矩形工具"按钮，在选项栏中选择工具的模式为"形状"，设置填充为白色，半径为80像素，绘制圆角矩形，如图 03 04 所示。

03 **添加斜面和浮雕** 单击"图层"面板下方的"添加图层样式"按钮，在弹出的下拉菜单中选择"斜面和浮雕"选项，设置参数，添加斜面和浮雕效果，如图 05 06 所示。

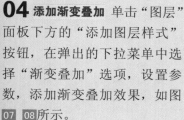

04 **添加渐变叠加** 单击"图层"面板下方的"添加图层样式"按钮，在弹出的下拉菜单中选择"渐变叠加"选项，设置参数，添加渐变叠加效果，如图 07 08 所示。

05 **添加投影** 单击"图层"面板下方的"添加图层样式"按钮，在弹出的下拉菜单中选择"投影"选项，设置参数，添加投影效果，如图 09 10 所示。

06 **绘制圆角矩形** 单击工具栏中的"圆角矩形工具"按钮，在选项栏中选择工具的模式为"形状"，设置填充为深灰色（R：26，G：26，B：26），半径为 60 像素，绘制圆角矩形，如图 11 12 所示。

07 **添加渐变叠加** 单击"图层"面板下方的"添加图层样式"按钮，在弹出的下拉菜单中选择"渐变叠加"选项，设置参数，添加渐变叠加效果，如图 13 14 所示。

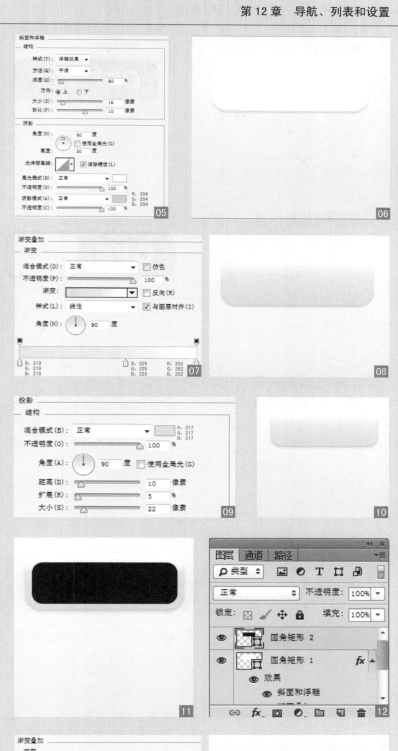

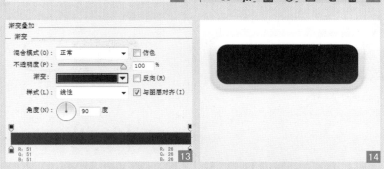

08 添加文字 单击工具栏中的"横版文字工具"按钮，在选项栏中设置字体为 Swis721 Blk BT Black，字号为 137.41 点，颜色为灰色（R：128，G：128，B：128），输入相应文字，如图 15 16 所示。

09 绘制圆角矩形 单击工具栏中的"圆角矩形工具"按钮，在选项栏中选择工具的模式为"形状"，设置填充为白色，半径为80像素，绘制圆角矩形，如图 17 18 所示。

10 添加斜面和浮雕 单击"图层"面板下方的"添加图层样式"按钮，在弹出的下拉菜单中选择"斜面和浮雕"选项，设置参数，添加斜面和浮雕效果，如图 19 20 所示。

11 添加渐变叠加 单击"图层"面板下方的"添加图层样式"按钮，在弹出的下拉菜单中选择"渐变叠加"选项，设置参数，添加渐变叠加效果，如图 21 22 所示。

12 最终效果 利用相似方法绘制更多形状效果从而完成本例设计，如图 23 24 所示。

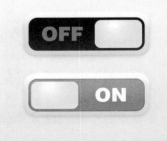

Section

12.2

● Level ─────
◇◇◇
● Version ─────
CS4 CS5 CS6 CC

发光效果的模式设置

● 光盘路径
Chapter12/Media

Keyword　画笔工具、矩形工具、圆角矩形工具、椭圆工具、图层样式

发光效果是设计中经常用到的，该效果往往给人以唯美、神秘、时尚、高端的感觉。这种发光效果，可以有效增加场景的表现力，表达一种清晰醒目的特点，同时充分合理地使用这一效果，往往能够给用户一种画质动感十足、引人入胜的美好体验。

设计构思

本例是制作发光效果。设计师首先采用正面悬空的半透明材质使人仿佛身临其境，之后通过添加素材、颜色等制造出高科技的感觉，最后添加的发光效果使要表达的内容清晰醒目，增强了画面的表现力。

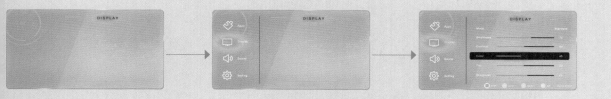

01 新建文件 执行"文件＞新建"命令，在弹出的"新建"对话框中新建一个宽度和高度分别为 1024×612 像素的空白文档，完成后单击"确定"按钮结束，如图 01 02 所示。

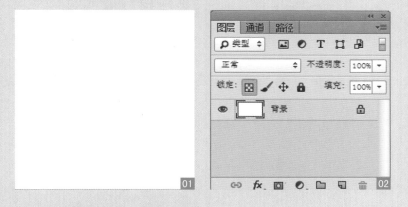

02 添加渐变叠加 单击"图层"面板下方的"添加图层样式"按钮，在弹出的下拉菜单中选择"渐变叠加"选项，设置参数，添加渐变叠加效果，如图 03 04 所示。

03 绘制圆角矩形 单击工具栏中的"圆角矩形工具"按钮，选择工具的模式为"形状"，设置填充为蓝色（R：58，G：106，B：122），半径为20像素，绘制圆角矩形，之后设置图层的填充为3%，如图05 06所示。

04 添加描边 单击"图层"面板下方的"添加图层样式"按钮，在弹出的下拉菜单中选择"描边"选项，设置参数，添加描边效果，如图07 08所示。

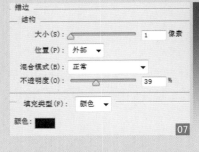

05 添加内发光 单击"图层"面板下方的"添加图层样式"按钮，在弹出的下拉菜单中选择"内发光"选项，设置参数，添加内发光效果，如图09 10所示。

06 添加投影 单击"图层"面板下方的"添加图层样式"按钮，在弹出的下拉菜单中选择"投影"选项，设置参数，添加投影效果，如图11 12所示。

07 复制圆角矩形 复制"圆角矩形1"图层，清除图层样式。之后单击"图层"面板下方的"添加图层样式"按钮，在弹出的下拉菜单中选择"外发光"，设置参数，添加外发光效果，再右键单击图层，选择"栅格化图层样式"命令，如图13 14所示。

08 添加蒙版　单击图层面板下方的"添加矢量蒙版"按钮，添加蒙版，单击工具栏中的"画笔工具"按钮，设置前景色为黑色，在蒙版中进行涂抹，如图 15 16 所示。

09 绘制亮光　新建图层，单击工具栏中的"画笔工具"按钮，在选项栏中选择"柔角画笔"，设置前景色为白色，绘制亮光，设置图层的混合模式为叠加，如图 17 18 所示。

10 绘制亮光　新建图层，单击工具栏中的"画笔工具"按钮，在选项栏中选择柔角画笔，设置前景色为蓝色（R：1，G：204，B：255），绘制亮光，利用相似方法绘制更多效果，如图 19 20 所示。

11 添加文字　单击工具栏中的"横版文字工具"按钮，在选项栏中设置字体为 Helvetica Neue LT pro，字号为 18 点，颜色为黑色，输入文字，如图 21 22 所示。

12 添加投影　单击"图层"面板下方的"添加图层样式"按钮，在弹出的下拉菜单中选择"投影"选项，设置参数，添加投影效果，如图 23 24 所示。

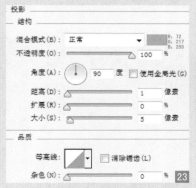

13 **绘制矩形** 单击工具栏中的"矩形工具"按钮,在选项栏中选择工具的模式为"形状",设置填充为蓝色(R:61,G:214,B:255),绘制矩形,执行"滤镜 > 转化为智能滤镜"命令,再执行"滤镜 > 模糊 > 高斯模糊"命令,利用相似方法绘制其他效果,如图 25 26 所示。

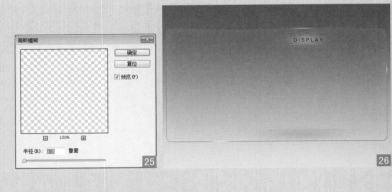

14 **导入素材** 执行"文件 > 打开"命令,弹出"打开"对话框,选择素材文件并打开,将其拖拽至场景文件中,移动到合适位置,如图 27 28 所示。

15 **绘制高光** 单击工具栏中的"钢笔工具"按钮,在选项栏中选择工具的模式为"形状",设置填充为白色,绘制形状,设置图层的填充为3%,如图 29 30 所示。

16 **导入素材** 执行"文件 > 打开"命令,弹出"打开"对话框,选择素材文件并打开,将其拖拽至场景文件中,移动到合适位置,设置填充为15%,如图 31 32 所示。

17 **新建组** 将"图层4"到"图层5"新建为一个组,单击工具栏中的"矩形选框工具"按钮,在选项栏中设置羽化为10像素,绘制矩形选区,单击图层面板下方的"添加矢量蒙版"按钮,添加蒙版,如图 33 34 所示。

18 绘制亮光 单击工具栏中的"钢笔工具"按钮，在选项栏中选择工具的模式为"形状"，设置填充为无，描边为3点，颜色为蓝色（R：230，G：238，B：224），绘制形状，如图 35 36 所示。

19 添加文字 单击工具栏中的"横版文字工具"按钮，在选项栏中设置字体为 Helvetica Neue LT pro，字号为14点，颜色为蓝色（R：230，G：238，B：224），输入文字，利用相似方法绘制更多效果，如图 37 38 所示。

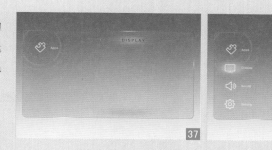

20 绘制矩形 单击工具栏中的"矩形工具"按钮，在选项栏中选择工具的模式为"形状"，设置填充灰色（R：63，G：70，B：70），绘制矩形，如图 39 40 所示。

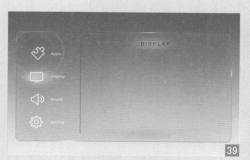 

21 绘制圆角矩形 利用以上方法绘制发光效果，单击工具栏中的"圆角矩形工具"按钮，在选项栏中选择工具的模式为"形状"，设置填充深灰色（R：22，G：23，B：24），半径为10像素，绘制圆角矩形，如图 39 40 所示。

22 绘制矩形 单击工具栏中的"矩形工具"按钮，在选项栏中选择工具的模式为"形状"，设置填充为灰色（R：53，G：56，B：56）和蓝色（R：83，G：220，B：255），绘制矩形，如图 43 44 所示。

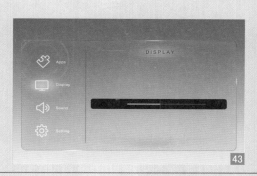 

23 **添加蒙版** 单击图层面板下方的"添加矢量蒙版"按钮,添加蒙版,单击工具栏中的"画笔工具"按钮,设置前景色为黑色,在蒙版中进行涂抹,利用相似方法绘制其他效果,如图 45 46 所示。

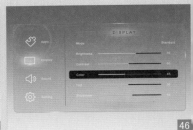

24 **绘制椭圆** 单击工具栏中的"椭圆工具"按钮,在选项栏中选择工具的模式为"形状",设置填充为白色,绘制正圆,设置图层的填充为30%,如图 47 48 所示。

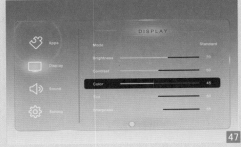

25 **添加描边** 单击图层面板下方的"添加图层样式"按钮,在弹出的下拉菜单中选择"描边"选项,设置参数,添加描边,如图 49 50 所示。

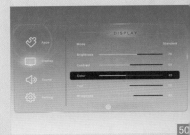

26 **添加文字** 单击工具栏中的"横版文字工具"按钮,在选项栏中设置字体为Helvetica Neue LT pro,字号分别为9点、8点,颜色为白色、蓝色(R:230,G:238,B:224),输入文字,利用相似方法绘制更多效果,如图 51 52 所示。

27 **新建组** 将除背景图层外的所有图层新建为一个组,单击图层面板下方的"创建新的填充或调整图层"按钮,选择"曲线",设置参数,右键单击图层,选择"创建剪贴蒙版"选项,如图 53 54 所示。

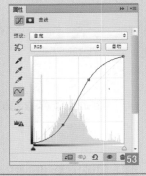
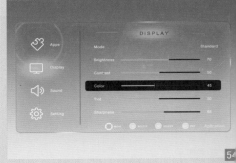

Section

12.3

● Level ────
◇◇◇◇
● Version ────
CS4 CS5 CS6 CC

蓝色清新音量设置界面

● 光盘路径
Chapter12/Media

Keyword 矩形工具、圆角矩形工具、椭圆工具、图层样式

未见其人先闻其声，声音与人们的生活息息相关，音量界面当然也就不可或缺。音量界面设计是手机中最基础的典型画面之一，好的音量界面设计可以提高用户使用时的品质体验。

设计构思

本例是音量设置界面制作，设计师以深灰色和蓝色为背景，让画面看起来简洁明了，清晰的按钮设计不会让人觉得繁琐、难理解，最后绘制的闹钟简单又不失设计感，整个界面简洁大方、便于操作。

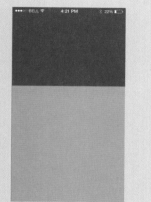

01 新建文件 执行"文件>打开"命令，在弹出的"打开"对话框中，选择素材文件并打开，如图 01 02 所示。

02 **绘制形状** 单击工具栏中的"矩形工具"按钮，在选项栏中选择工具的模式为"形状"，设置填充为深灰色（R：42，G：45，B：50），绘制矩形，如图 03 04 所示。

03 **添加文字** 单击工具栏中的"横版文字工具"按钮，在选项栏中设置字体为 Adobe 黑体 Std，字号为 24 点，颜色为灰色（R：156，G：157，B：159）、白色，输入相应文字，如图 05 06 所示。

04 **绘制按钮** 单击工具栏中的"矩形工具"按钮，在选项栏中选择工具的模式为"形状"，设置填充为白色，绘制矩形，旋转角度，利用相同方法绘制完整效果，如图 07 08 所示。

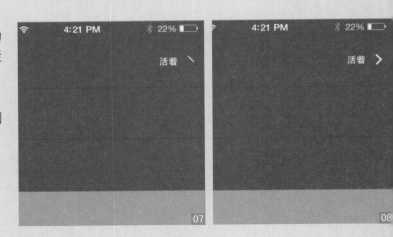

05 **绘制圆角矩形** 单击工具栏中的"圆角矩形工具"按钮，在选项栏中选择工具的模式为"形状"，设置填充为深灰色（R：42，G：45，B：50，）、蓝色（R：50，G：172，B：195，），分别绘制圆角矩形，如图 09 10 所示。

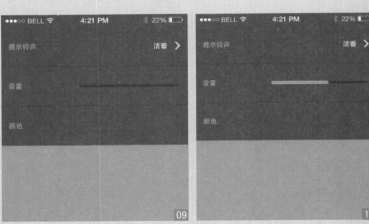

06 **绘制椭圆** 单击工具栏中的"椭圆工具"按钮，在选项栏中选择工具的模式为"形状"，设置填充为白色，分别绘制椭圆，如图 11 12 所示。

07 **添加内阴影** 单击"图层"面板下方的"添加图层样式"按钮，在弹出的下拉菜单中选择"内阴影"选项，设置参数，添加内阴影效果，如图 13 14 所示。

08 **绘制椭圆** 单击工具栏中的"椭圆工具"按钮，在选项栏中选择工具的模式为"形状"，设置填充为白色，分别绘制椭圆，如图 15 16 所示。

09 **添加描边** 单击"图层"面板下方的"添加图层样式"按钮，在弹出的下拉菜单中选择"描边"选项，设置参数，添加描边，利用相同方法绘制完整效果，如图 17 18 所示。

10 绘制矩形 单击工具栏中的"矩形工具"按钮，在选项栏中选择工具的模式为"形状"，设置填充为深蓝色（R：27，G：123，B：141），绘制矩形，按下〈Ctrl+C〉组合键，再按下〈Ctrl+V〉组合键复制矩形，按下〈Ctrl+T〉组合键旋转矩形，按下〈Enter〉键结束，最后按下〈Shift+Alt+Ctrl+T〉组合键复制并旋转矩形，如图 19 20 所示。

 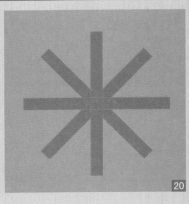

11 绘制椭圆 单击工具栏中的"椭圆工具"按钮，在选项栏中选择"合并形状"选项，按下〈Shift〉键绘制正圆，再次单击"椭圆工具"按钮，在选项栏中选择"减去顶层形状"选项，按下〈Shift〉键绘制正圆，利用相似的方法绘制完整图标，如图 21 22 23 所示。

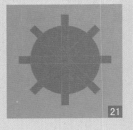 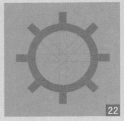 

12 添加文字 单击工具栏中的"横版文字工具"按钮，在选项栏中设置字体为 Adobe 黑体 Std，字号为 40 点，颜色白色，输入相应文字，如图 24 25 所示。

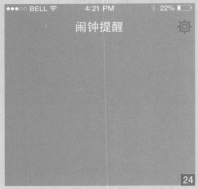 

13 添加投影 单击"图层"面板下方的"添加图层样式"按钮，在弹出的下拉菜单中选择"投影"选项，设置参数，添加投影效果，如图 26 27 所示。

14 **绘制椭圆** 单击工具栏中的"椭圆工具"按钮，在选项栏中选择工具的模式为"形状"，设置填充为深蓝色（R：27，G：123，B：141），按下〈Shift〉键绘制正圆，再次单击"椭圆工具"按钮，在选项栏中设置填充为白色，选择"新建图层"选项，绘制同心圆，如图 28 29 所示。

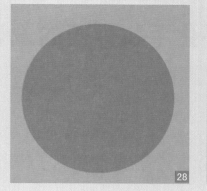

15 **绘制刻度** 单击工具栏中的"圆角矩形工具"按钮，在选项栏中选择工具的模式为"形状"，设置填充为黑色，半径为 5 像素，绘制圆角矩形，复制图层，按下〈Ctrl+T〉组合键，在画面中单击并选择"旋转 90°"，按下〈Enter〉键结束，将圆角矩形移动到合适位置，利用相似方法绘制完整刻度，如图 30 31 32 所示。

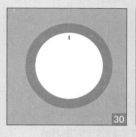

16 **绘制指针** 单击工具栏中的"圆角矩形工具"按钮，在选项栏中选择工具的模式为"形状"，设置填充为绿色（R：54，G：186，B：85），绘制圆角矩形，再次单击"圆角矩形工具"按钮，在选项栏中选择工具的模式为"形状"，设置填充为黄色（R：249，G：194，B：49），绘制圆角矩形，如图 33 34 所示。

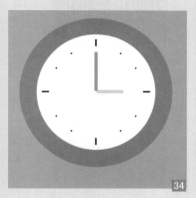

17 **绘制椭圆** 单击工具栏中的"椭圆工具"按钮，在选项栏中选择工具的模式为"形状"，设置填充为黑色，绘制椭圆，如图 35 36 所示。

扁平化手机界面的设计制作

● 光盘路径
Chapter12/Media

Section 12.4

● Level
◇◇◇◇

● Version
CS4 CS5 CS6 CC

Keyword 矩形工具、圆角矩形工具、椭圆工具、图层样式

在移动设备上，过于复杂的效果非但很少能吸引用户，反而时常让用户在视觉上产生疲劳，并对产品界面中最基本的功能产生认知上的障碍。因此我们在设计中就需要参考"扁平化"的美学。"扁平化设计"指的是抛弃那些已经流行多年的渐变、阴影、高光等拟真视觉效果，从而打造出一种看上去更"平"的界面。

设计构思

扁平化设计风格，更专注于简约、实用。扁平风格的最大一个优势就在于它可以更加简单直接地将信息和事物的工作方式展示出来，减少认知障碍的产生。

01 **新建文件** 执行"文件>打开"命令，在弹出的"打开"对话框中，选择素材文件并打开，如图 01 02 所示。

02 绘制云图标 单击工具栏中的"钢笔工具"按钮，在选项栏中选择工具的模式为"形状"，设置填充为白色，绘制形状，如图 03 04 所示。

03 添加文字 单击工具栏中的"横版文字工具"按钮，在选项栏中分别设置字体为 Myriad Pro 和 Adobe 黑体 Std，字号分别为 21.6 点和 4.8 点，颜色为白色，输入相应文字，如图 05 06 所示。

04 绘制搜索框 单击工具栏中的"矩形工具"按钮，在选项栏中选择工具的模式为"形状"，设置填充为白色，分别绘制矩形，设置图层的不透明度分别为 50% 和 55%，如图 07 08 所示。

05 绘制搜索图标 单击工具栏中的"椭圆工具"按钮，在选项栏中选择工具的模式为"形状"，设置填充为灰色（R：24, G：24, B：24），利用矢量工具的加减法绘制完整形状，如图 09 10 所示。

06 添加文字 单击工具栏中的"横版文字工具"按钮，在选项栏中设置字体为 Adobe 黑体 Std，字号为 3.71 点，颜色为灰色（R：140, G：135, B：135），输入相应文字，如图 11 12 所示。

07 **绘制矩形** 单击工具栏中的"矩形工具"按钮，在选项栏中选择工具的模式为"形状"，设置填充为白色，绘制矩形。之后单击图层面板下方的"添加图层样式"按钮，在弹出的下拉菜单中选择"描边"选项，设置参数，添加描边效果，利用相似方法绘制其他效果，如图 13 14 所示。

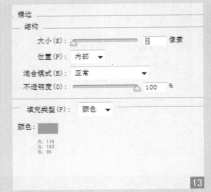

08 **绘制对话框** 单击工具栏中的"矩形工具"按钮，在选项栏中选择工具的模式为"形状"，设置填充分别为绿色（R：119，G：164，B：92）和白色，分别绘制矩形，如图 15 16 所示。

09 **导入素材** 执行"文件＞打开"命令，在弹出的"打开"对话框中选择素材文件打开，将其拖曳至场景文件中，按下〈Ctrl+T〉组合键自由变换大小，移动到合适位置，按下〈Enter〉键结束操作。右键单击图层，选择"创建剪贴蒙版"选项，添加文字，利用相似方法绘制其他效果，如图 17 18 所示。

10 **绘制滑动条** 单击工具栏中的"圆角矩形工具"按钮，在选项栏中选择工具的模式为"形状"，分别设置填充为灰色（R：69，G：71，B：73）和白色，半径为 10 像素，分别绘制圆角矩形。单击工具栏中的"矩形工具"按钮，设置填充为绿色（R：119，G：164，B：92），绘制矩形，如图 19 20 所示。

11 **绘制矩形** 单击工具栏中的"矩形工具"按钮，在选项栏中选择工具的模式为"形状"，设置填充为白色，绘制矩形，设置图层的填充为30%，如图 21 22 所示。

12 **绘制形状** 单击工具栏中的"钢笔工具"按钮，在选项栏中选择工具的模式为"形状"，设置填充为白色，绘制形状。单击工具栏中的"矩形工具"按钮，在选项栏中选择工具的模式为"形状"，设置填充为蓝色（R：38，G：70，B：117），绘制矩形，如图 23 24 所示。

13 **绘制形状** 单击工具栏中的"矩形工具"按钮，在选项栏中选择工具的模式为"形状"，设置填充为蓝色（R：63，G：132，B：181），绘制形状，并添加相应文字，利用相似方法绘制其他效果，如图 25 26 所示。

14 **绘制矩形** 单击工具栏中的"矩形工具"按钮，在选项栏中选择工具的模式为"形状"，绘制形状，设置图层的填充为0，单击"图层"面板下方的"添加图层样式"按钮，在弹出的下拉菜单中选择"描边"选项，设置参数，添加描边效果，利用相同方法绘制完整效果，如图 27 28 所示。

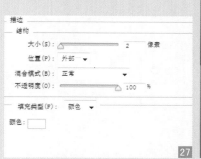

15 **绘制形状** 单击工具栏中的"钢笔工具"按钮，在选项栏中选择工具的模式为"形状"，设置填充为白色，绘制形状。单击工具栏中的"椭圆工具"按钮，在选项栏中选择"减去顶层形状"选项，绘制椭圆，利用相似方法绘制其他效果，如图29 30所示。

16 **绘制形状** 单击工具栏中的"钢笔工具"按钮，在选项栏中选择工具的模式为"形状"，设置填充为白色，绘制形状，设置图层的不透明度为70%。再次单击工具栏中的"钢笔工具"按钮，在选项栏中选择工具的模式为"形状"，设置填充为橙色（R：225，G：144，B：0），绘制形状，并添加相应文字，如图31 32所示。

17 **绘制缓冲图标** 单击工具栏中的"圆角矩形工具"按钮，在选项栏中选择工具的模式为"形状"，设置填充为白色，绘制圆角矩形，设置图层的不透明度为70%，利用相似方法绘制其他效果，如图33 34所示。

18 **更多效果展示** 更多效果如图 35～40 所示。

12.5
UI 设计师必读：如何设计导航和标签栏

标签栏是界面的主要展示区，也是设计的重点。根据界面的不同功能，常见的设计方式有以下几种：

列表视图——适用于目录、导航等多层级的界面。将信息一级级的收起，最大化的展示分类信息。分层视图——利用iPhone本身独有的特性让其固定，或垂直、水平滚动，节省空间。

对于设计而言，移动UI可以满足人们高效快速的信息浏览，注重排版和信息整合；而客户端可以实现更加丰富的交互体验，注重层级关系和操作引导。

iPhone拥有紧致的尺寸，目前流行的iPhone5的分辨率为1136×640，iPhone6的分辨率为1334×750。它包含的Safari浏览器可以完整显示HTML，XML网页。利用多点触摸可以产生跟桌面平台一样的网页浏览体验。

但受"屏幕尺寸、触屏操作、网速"等因素的限制，Web的设计需要考虑诸如：精简布局、降低图片加载、减少输入等问题。具体办法有以下几种。

（1）对原有信息进行整合重组，横向排列、避免分栏。

（2）动作传感器可以感应用户横握手机时自动转为横屏显示，因此信息排版要做到自适应宽度。

（3）精简、精简、再精简！在小小的显示屏上，所有主元素都要尽量"大"，因此页面只需展示核心功能，去掉不必要的"设计元素"（使用色块或简单背景图），使页面易操作、浏览顺畅。

（4）功能界面

遵守iOS的交互习惯，功能界面的结构通常自上而下，分别是导航栏、标签栏和工具栏。

导航栏主要显示"当前状态""返回""编辑""设置"等基本操作。

工具栏作为热点触摸区域，用来展示主菜单。形式可以为文字、图标、图标+文字，不可超过5栏。

第 13 章

综合案例

　　本章主要收录了 4 个不同风格的手机界面，包括 Android、iOS、Windows Phone 等不同操作系统的手机界面。通过对本章综合案例的学习，不仅能对综合案例有一个整体的了解，还能学习到更高级的技术。

关　键
知识点

- ✓ Android 界面
- ✓ iOS7 整体界面
- ✓ Windows Phone 整体界面
- ✓ 极致精简手机界面
- ✓ iOS7 系统界面设计风格

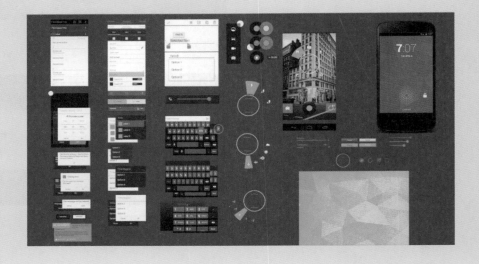

Android 系统整体界面制作

● 光盘路径
Chapter13/Media

Keyword 矩形工具、横版文字工具、钢笔工具、图层样式

Android是一个以Linux为基础的半开源操作系统，主要用于移动设备，由Google和开放手持设备联盟开发。Android系统最初由安迪·鲁宾（Andy Rubin）制作，最初主要支持手机。随着Android系统的发展，Android界面也受到了大家的喜爱。

设计构思

　　Android系统整体界面的版式设计通过文字图形的空间组合，表达出和谐的美。为了达到最佳的视觉效果，设计者反复推敲整体布局的合理性，使浏览者有一个流畅的视觉体验。Android系统界面不仅图标风格统一，整体暗色调和机械化的设计也表现出了高科技的氛围，设计风格简约、稳重，颜色鲜明，界面布局合理。

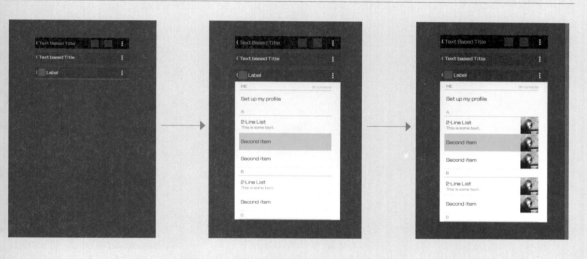

01 新建文件 执行"文件 > 新建"命令，在弹出的"新建"对话框中，新建一个宽度和高度分别为 5000×4850 像素的空白文档，完成后单击"确定"按钮结束，设前景色为灰色（R: 57，G: 57，B: 57），按下快捷键 <Alt+Delete> 填充颜色，如图 01 02 所示。

02 **绘制矩形** 单击工具栏中的
"矩形工具"按钮，在选项栏
中选择工具的模式为"形状"，
分别设置填充为黑色、灰色（R:
144，G: 144，B: 144）和白色，
分别绘制矩形，如图 03 04 所示。

03 **绘制图标** 单击工具栏中
的"钢笔工具"按钮，在选项
栏中选择工具的模式为"形
状"，设置填充为白色，绘制
形状。单击"横版文字工具"
按钮，在选项栏中设置字体为
Roboto，字号为 8.1 点，颜色
为绿色（R: 153，G: 204，B: 0），
输入文字，利用相似方法绘制
更多效果，如图 05 06 所示。

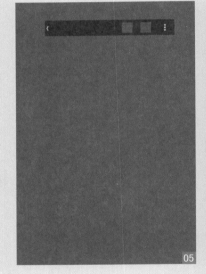

04 **绘制矩形** 单击工具栏中的
"矩形工具"按钮，在选项栏
中选择工具的模式为"形状"，
绘制矩形。单击图层面板下方的
"添加图层样式"按钮，在弹出
的下拉菜单中选择"渐变叠加"
选项，设置参数，添加渐变叠加
效果，如图 07 08 所示。

05 **绘制分割线** 单击工具栏中的"矩形工具"按钮，在选项栏中选择工具的模式为"形状"，分别设置填充为蓝色（R：51，G：181，B：229）和灰色（R：208，G：208，B：208），绘制矩形，并添加相应文字，如图 09 10 所示。

06 **绘制矩形** 单击工具栏中的"矩形工具"按钮，在选项栏中选择工具的模式为"形状"，设置填充为蓝色（R：51，G：181，B：229），绘制矩形。再次单击工具栏中的"矩形工具"按钮，在选项栏中选择工具的模式为"形状"，设置填充为灰色（R：208，G：208，B：208），绘制矩形，如图 11 12 所示。

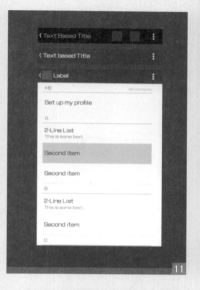

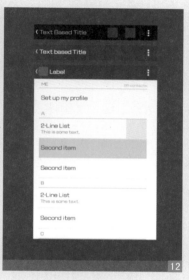

07 **导入素材** 执行"文件＞打开"命令，在弹出的"打开"对话框中，选择素材文件并打开，右键单击图层选择"创建剪贴蒙版"选项，利用相似方法，制作其他效果，如图 13 14 所示。

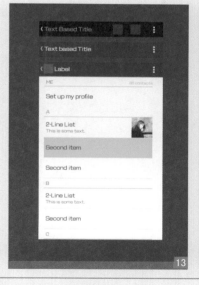

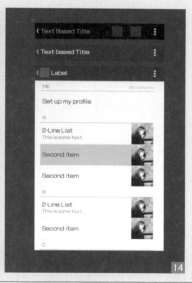

08 **绘制矩形** 单击工具栏中的"矩形工具"按钮，在选项栏中选择工具的模式为"形状"，设置填充为深灰色（R：51，G：51，B：51），绘制矩形。再次单击工具栏中的"矩形工具"按钮，在选项栏中选择工具的模式为"形状"，分别设置填充为灰色（R：208，G：208，B：208）和蓝色（R：51，G：181，B：229），绘制矩形，如图 15 16 所示。

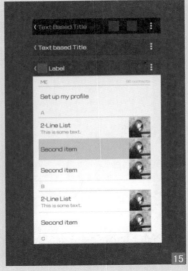

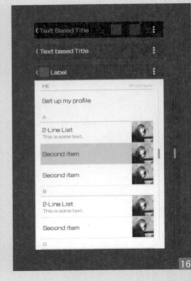

09 **绘制形状** 单击工具栏中的"钢笔工具"按钮，在选项栏中选择工具的模式为"形状"，设置填充为深灰色（R：99，G：98，B：98），设置图层的填充为 90%，添加文字，如图 17 18 所示。

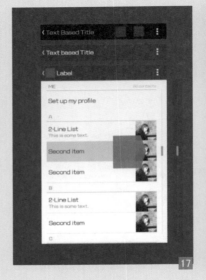

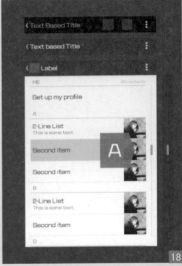

10 **绘制矩形** 单击工具栏中的"矩形工具"按钮，在选项栏中选择工具的模式为"形状"，绘制矩形。执行"文件＞打开"命令，在弹出的"打开"对话框中，选择素材文件并打开，右键单击图层，选择"创建剪贴蒙版"选项，如图 19 20 所示。

11 绘制矩形 单击工具栏中的"矩形工具"按钮，在选项栏中选择工具的模式为"形状"，设置填充为黑色，绘制矩形。再次单击工具栏中的"钢笔工具"按钮，在选项栏中选择工具的模式为"形状"，设置填充为灰色（R：139，G：139，B：139），绘制形状，如图 21 22 所示。

12 绘制按钮 单击工具栏中的"椭圆工具"按钮，在选项栏中选择工具的模式为"形状"，设置填充为黑色，绘制椭圆，设置图层的填充为 60%。再次单击"椭圆工具"按钮，在选项栏中选择工具的模式为"形状"，设置填充为蓝色（R：80，G：180，B：228），绘制椭圆，如图 23 24 所示。

13 绘制图标 单击工具栏中的"矩形工具"按钮，在选项栏中选择工具的模式为"形状"，设置填充为蓝色（R：50，G：180，B：228），绘制矩形，设置图层的填充为 60%。再次单击工具栏中的"钢笔工具"按钮，在选项栏中选择工具的模式为"形状"，设置填充为白色，绘制形状，如图 25 26 所示。

14 **绘制椭圆** 单击工具栏中的"椭圆工具"按钮，在选项栏中选择工具的模式为"形状"，设置填充为白色，利用矢量工具的加减法绘制圆环，再次单击工具栏中的"钢笔工具"按钮，在选项栏中选择工具的模式为"形状"，设置填充为绿色R：0，G：255,B：0），绘制形状，如图27 28所示。

15 **绘制图标** 单击工具栏中的"钢笔工具"按钮，在选项栏中选择工具的模式为"形状"，设置填充为蓝色（R：50，G：180,B：228），绘制形状，设置图层的填充为60%。再次单击工具栏中的"钢笔工具"按钮，在选项栏中选择工具的模式为"形状"，设置填充为白色，绘制形状，如图29 30所示。

16 **最终效果** 利用相似方法，绘制更多效果，最终效果如图31所示。

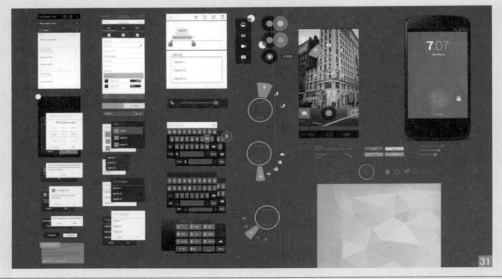

Section

13.2

● Level
◇◇◇
● Version
CS4 CS5 CS6 CC

苹果 iOS 8 系统整体界面制作

● 光盘路径
Chapter13/Media

Keyword	矩形工具、横版文字工具、钢笔工具

iOS8系统相比于之前的iOS在界面呈现方式上做了全面的改变，包括采用了新风格的锁屏界面，具有快捷功能键和部分设置选项的全新下拉通知栏、动态的天气界面、全新风格的拨号盘和炫丽的多任务切换界面等。

设计构思

iOS8比以前的系统更扁平化，采用了全新的图标界面设计和滑动解锁功能，iOS8的确颠覆了系统以往的设计风格，更扁平化的图标设计、更简洁的界面设计都给我们带来别样之感。主界面大变样，更趋于平面化，更注重细节，iOS8几乎所有界面都经过了重新设计，并且延续了简洁的设计风格。

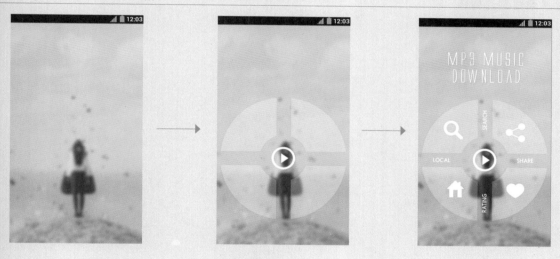

01 新建文件 执行"文件 > 新建"命令，在弹出的"新建"对话框中，新建一个宽度和高度分别为 720×1280 像素的空白文档，完成后单击"确定"按钮结束，如图 **01** **02** 所示。

01

02

02 打开文件 执行"文件 > 打开"命令，在弹出的"打开"对话框中选择素材文件并打开，之后按下 <Ctrl+T> 组合键自由变换素材图像大小，将素材移动到合适位置，按下 <Enter> 键结束操作，如图 03 04 所示。

03 添加照片滤镜 单击"图层"面板下方的"添加新的填充或调整图层"按钮，在弹出的下拉快捷菜单中选择"照片滤镜"命令，在弹出的"属性"对话框中设置滤镜为黄，浓度为 40%，为背景素材添加黄色，如图 05 06 所示。

04 绘制上标 单击工具栏中的"矩形工具"按钮，在选项栏中选择工具的模式为"形状"，设置填充为黑色，在画面顶部绘制矩形，如图 07 08 所示。

05 绘制信号图标 单击工具栏中的"钢笔工具"按钮,在选项栏中选择工具的模式为"形状",设置填充为灰色(R:157,G:163,B:163),在画面右上方绘制三角形。再次单击"钢笔工具"按钮,在选项栏中选择"合并形状"选项,在三角形旁边绘制三个梯形,如图 09 10 所示。

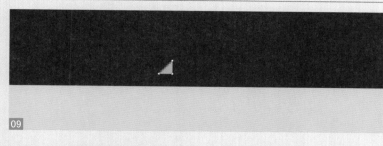

06 绘制电池图标 单击工具栏中的"矩形工具"按钮,在选项栏中选择工具的模式为"形状",设置填充为绿色(R:146,G:222,B:0),在信号图标右侧绘制矩形。再次单击"矩形工具"按钮,在选项栏中选择"合并形状"选项,在画面中绘制矩形,完成后添加相应文字,如图 11 12 所示。

07 绘制播放按钮 单击工具栏中的"椭圆工具"按钮,在选项栏中选择工具的模式为"形状",设置填充为白色,在画面中央绘制正圆。再次单击"椭圆工具"按钮,在选项栏中选择"减去顶层形状"选项,在画面中绘制同心圆。单击"多边形工具"按钮,在选项栏中设置边为3,取消勾选"星形"复选框,选择"合并形状"选项,在画面中绘制三角形,如图 13 14 所示。

08 **绘制悬浮旋钮** 新建图层，设置图层的填充为 25%，单击工具栏中的"椭圆工具"按钮，在选项栏中选择工具的模式为"形状"，设置填充为白色，绘制正圆。再次单击工具栏中的"椭圆工具"按钮，在选项栏中选择"减去顶层形状"，在画面中绘制同心圆。单击"矩形工具"按钮，在选项栏中选择"减去顶层形状"选项，在画面中绘制"+"号形状，如图 15 16 所示。

09 **最终效果** 利用相似的矢量工具加减法绘制更多图标，之后利用"横版文字工具"在画面上方输入相应文字，完成最终效果，如图 17 18 所示。

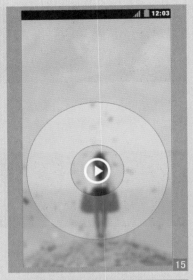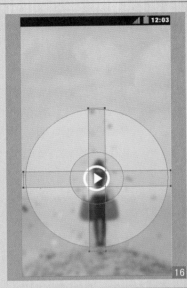

10 **更多效果** 利用相似方法绘制更多效果，如图 19 20 21 所示。

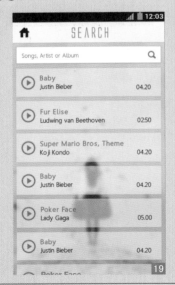

Section 13.3

● Level
◇◇◇◇

● Version
CS4 CS5 CS6 CC

Windows Phone 系统整体界面制作

● 光盘路径
Chapter13/Media

Keyword 矩形工具、横版文字工具、钢笔工具、椭圆工具

　　Windows Phone力图打破人们与信息和应用之间的隔阂，提供适用于人们工作和娱乐等方方面面的最优秀的端到端体验，并提供多种个性化定制服务。Windows Phone在视觉效果方面给人一种身临其境的感觉，让人们可以随时随地享受到想要的体验。

设计构思

　　Windows Phone具有桌面定制、图标拖拽、滑动控制等一系列前卫的操作体验。其主屏幕通过提供类似仪表盘的体验来显示新的电子邮件、短信、未接来电、日历、约会等，让人们对重要信息保持时刻更新。

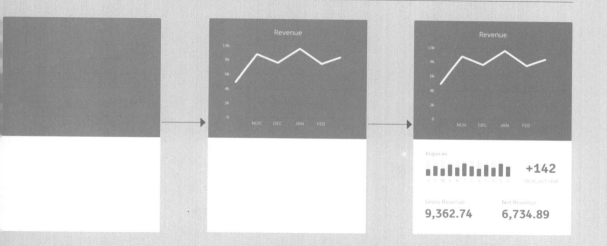

01 新建文件 执行"文件 > 新建"命令，在弹出的"新建"对话框中，新建一个宽度和高度分别为 5000×4850 像素的空白文档，完成后单击"确定"按钮结束操作。设前景色为灰色（R：234，G：237，B：231），按下快捷键〈Alt+Delete〉填充颜色，如图 01 02 所示。

02 绘制背景 单击工具栏中的"圆角矩形工具"按钮，在选项栏中选择工具的模式为"形状"，设置填充为白色，半径为5像素，绘制圆角矩形，单击"矩形工具"按钮，在选项栏中选择工具的模式为"形状"，设置填充为绿色（R：120，G：120，B：120），绘制矩形，如图03 04所示。

03 绘制分割线 单击工具栏中的"钢笔工具"按钮，在选项栏中选择工具的模式为"形状"，设置填充为无，描边1点，颜色为黑色，选择虚线绘制直线。再次单击"钢笔工具"按钮，在选项栏中选择工具的模式为"形状"，设置填充为黑色，描边为无，绘制直线，设置所有图层的填充为20%，如图05 06所示。

04 绘制走势图 单击工具栏中的"钢笔工具"按钮，在选项栏中选择工具的模式为"形状"，设置填充为白色，绘制形状，单击"横版文字工具"按钮，在选项栏中设置字体为Myriad Pro，字号分别为11点、18点，颜色为白色，输入相应文字，如图07 08所示。

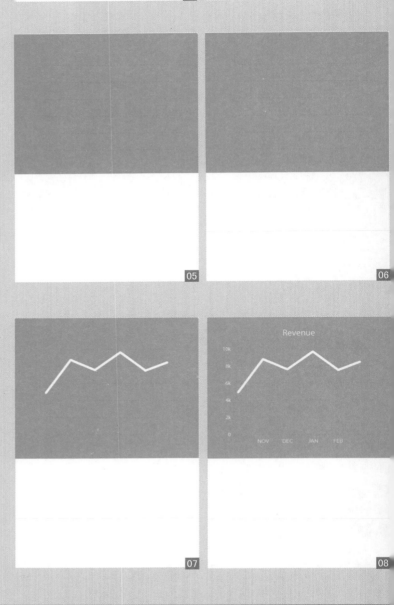

05 绘制背景 单击工具栏中的
"圆角矩形工具"按钮，在选
项栏中选择工具的模式为"形
状"，分别设置填充为灰色（R：
234，G：237，B：241）、绿色
（R：120，G：120，B：120），
半径为 2 像素，绘制圆角矩形，
添加文字，如图 09 10 所示。

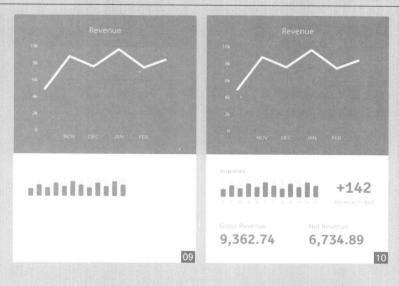

06 绘制背景 单击工具栏中的
"矩形工具"按钮，在选项栏
中选择工具的模式为"形状"，
设置填充为白色，绘制矩形。
单击"钢笔工具"按钮，在选
项栏中选择工具的模式为"形
状"，设置填充为深灰色（R：
50，G：58，B：69），绘制形状，
如图 11 12 所示。

07 绘制下标 单击工具栏中的
"矩形工具"按钮，在选项栏
中选择工具的模式为"形状"，
分别设置填充为白色、灰色（R：
50，G：58，B：69），绘制矩
形。单击工具栏中的"钢笔工
具"按钮，在选项栏中选择工
具的模式为"形状"，设置填
充为蓝色（R：20，G：185，B：
214），绘制形状，添加文字，
如图 13 14 所示。

08 **绘制进程图标** 单击工具栏中的"椭圆工具"按钮，在选项栏中选择工具的模式为"形状"，设置填充为蓝色（R：20，G：185，B：214），绘制椭圆。单击工具栏中的"钢笔工具"按钮，在选项栏中选择工具的模式为"路径"，绘制路径，将路径转化为选区，单击"图层"面板下方的"添加矢量蒙版"按钮，添加蒙版，遮挡不需要的部分，如图 15 16 所示。

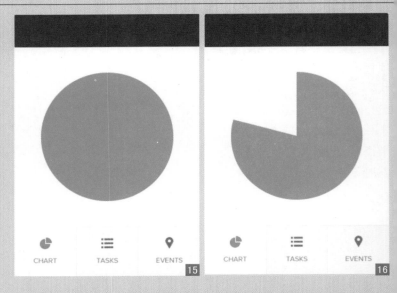

09 **绘制进程图标** 单击工具栏中的"椭圆工具"按钮，在选项栏中选择工具的模式为"形状"，设置填充为灰色（R：50，G：58，B：69），绘制椭圆。单击工具栏中的"横版文字工具"按钮，在选项栏中设置字体为 Signika，字号分别为 18 点、60 点和 24 点，颜色为灰色（R：241，G：243，B：243），输入相应文字，如图 17 18 所示。

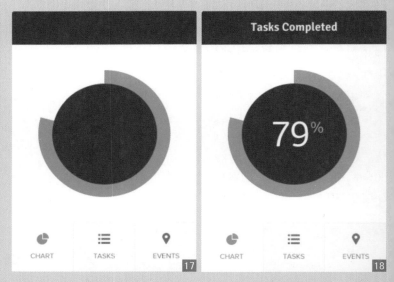

10 **更多效果** 利用相似方法绘制更多效果，如图 19 所示。

● 光盘路径
Chapter13/Media

Section

13.4

● Level —————
◇◇◇

● Version —————
CS4 CS5 CS6 CC

极致精简界面的设计制作

Keyword 矩形工具、横版文字工具、钢笔工具、椭圆工具、图层样式

简洁、易用、友好、直观，这些词语在设计中经常被提及，但在执行过程中却经常被遗忘，这是软件功能的复杂性导致的。能否处理好软件的复杂功能往往就可以决定它的命运。一个复杂的界面会让用户不知如何操作，如果减少复杂的操作过程并精简操作界面，那该软件的用户体验就大大提升了。

设计构思

本例是极致精简界面的制作，其目的是制作简洁、易用的界面。设计师采用蓝紫色和白色两个主色调，通过所有界面风格的一致性，达到了简洁的效果。界面上扁平化又不失精致的图标，一目了然、简洁明了，达到了易用的目的。

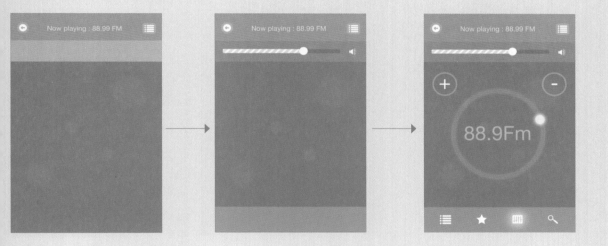

01 **新建文件**　执行"文件 > 新建"命令，在弹出的"新建"对话框中，新建一个宽度和高度分别为 1280×1920 像素的空白文档，完成后单击"确定"按钮结束操作。单击"图层"面板下方的"添加图层样式"按钮，在弹出的下拉菜单中选择"渐变叠加"选项，设置参数，添加渐变叠加效果，如图 01　02 所示。

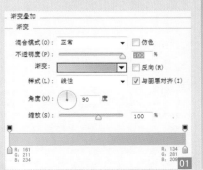

02 绘制矩形 单击工具栏中的"矩形工具"按钮，在选项栏中选择工具的模式为"形状"，设置填充为蓝色（R：93，G：131，B：152），绘制矩形，单击工具栏中的"画笔工具"按钮，在选项栏中选择"柔角画笔"，设置填充为蓝色（R：99，G：137，B：158），绘制光斑，如图03 04所示。

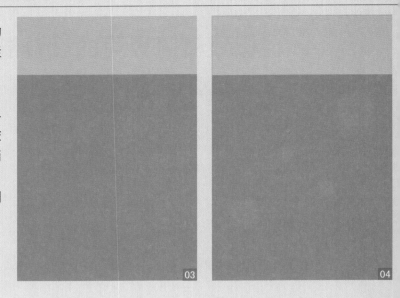

03 绘制上标 单击工具栏中的"矩形工具"按钮，在选项栏中选择工具的模式为"形状"，设置填充为蓝色（R：116，G：160，B：185），绘制矩形。单击"钢笔工具"按钮，在选项栏中选择工具的模式为"形状"，设置填充为白色，绘制形状，如图05 06所示。

04 添加描边 单击"图层"面板下方的"添加图层样式"按钮，在弹出的下拉菜单中选择"描边"选项，设置参数，添加描边和文字，如图07 08所示。

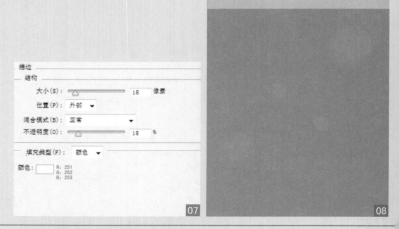

05 绘制上标　单击工具栏中的"矩形工具"按钮，在选项栏中选择工具的模式为"形状"，设置填充为蓝色（R：107，G：148，B：171），绘制矩形。单击"圆角矩形工具"按钮，在选项栏中选择工具的模式为"形状"，设置填充为蓝色（R：89，G：128，B：147），半径为10 像素，绘制圆角矩形，如图 09 10 所示。

06 添加图案叠加　单击工具栏中的"圆角矩形工具"按钮，在选项栏中选择工具的模式为"形状"，设置填充为白色，半径为10 像素，绘制圆角矩形，单击"图层"面板下方的"添加图层样式"按钮，在弹出的下拉菜单中选择"图案叠加"选项，设置参数，添加图案叠加效果，如图 11 12 所示。

07 绘制图标　单击工具栏中的"椭圆工具"按钮，在选项栏中选择工具的模式为"形状"，设置填充为白色，绘制椭圆。单击工具栏中的"钢笔工具"按钮，在选项栏中选择工具的模式为"形状"，设置填充为白色，绘制形状，如图 13 14 所示。

08 绘制下标 单击工具栏中的"矩形工具"按钮，在选项栏中选择工具的模式为"形状"，设置填充为蓝色（R：107，G：148，B：171），绘制矩形。单击"钢笔工具"按钮，在选项栏中选择工具的模式为"形状"，设置填充为白色，绘制形状，如图 15 16 所示。

09 绘制椭圆 单击工具栏中的"椭圆工具"按钮，在选项栏中选择工具的模式为"形状"，绘制椭圆，设置图层的填充为0。单击"图层"面板下方的"添加图层样式"按钮，在弹出的下拉菜单中选择"描边"和"内发光"选项，设置参数，添加描边和内发光效果，如图 17 18 19 所示。

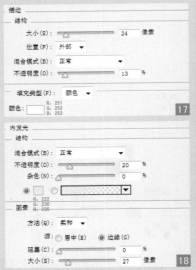

10 添加外发光 单击"图层"面板下方的"添加图层样式"按钮，在弹出的下拉菜单中选择"外发光"选项，设置参数，添加外发光，利用相似方法绘制其他效果，如图 20 21 所示。

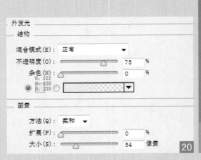

11 **绘制椭圆** 单击工具栏中的"椭圆工具"按钮，在选项栏中选择工具的模式为"形状"，绘制椭圆，设置图层的填充为0。单击"图层"面板下方的"添加图层样式"按钮，在弹出的下拉菜单中选择"描边"选项，设置参数，添加描边，利用同样的方法绘制其他效果，如图22 23所示。

12 **添加文字** 单击工具栏中的"横版文字工具"按钮，在选项栏中选择设置字体为Fixedsys，字号为170点，颜色分别为白色、浅蓝色（R：165，G：187，B：198），输入相应文字，如图24 25所示。

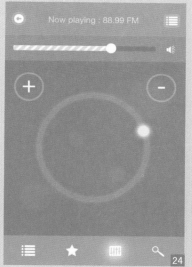

13 **打开文件** 执行"文件 > 打开"命令，在弹出的"打开"对话框中，选择素材文件并打开，如图26 27所示。

14 **添加描边** 单击工具栏中的"椭圆工具"按钮，在选项栏中选择工具的模式为"形状"，设置填充为蓝色（R：134，G：179，B：204），绘制椭圆。单击"图层"面板下方的"添加图层样式"按钮，在弹出的下拉菜单中选择"描边"选项，设置参数，添加描边，利用相同方法绘制更多效果，如图 28 29 所示。

15 **绘制图标** 单击工具栏中的"钢笔工具"按钮，在选项栏中选择工具的模式为"形状"，设置填充为白色，绘制形状，利用相同方法绘制更多效果，如图 30 31 所示。

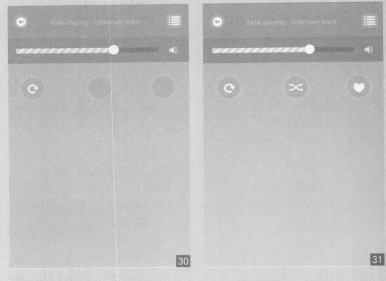

16 **绘制矩形** 单击工具栏中的矩形工具"按钮，在选项栏中选择工具的模式为"形状"，设置填充为白色，绘制矩形，单击工具栏中的"横版文字工具"按钮，在选项栏中设置字体为 Helvetica Neue Bold，字号为 30 点，颜色为白色，输入相应文字，如图 32 33 所示。

17 **绘制矩形** 单击工具栏中的矩形工具"按钮，在选项栏中选择工具的模式为"形状"，设置填充为蓝色（R：116，G：160，B：185），绘制矩形，单击工具栏中的钢笔工具"按钮，在选项栏中选择工具的模式为"形状"，设置填充为白色，绘制形状，之后利用相同方法绘制更多效果，如图 34 35 所示。

18 **绘制进度条** 利用上述方法绘制按钮图标，单击工具栏中的矩形工具"按钮，在选项栏中选择工具的模式为"形状"，设置填充为灰色（R：211，G：215，B：220）、蓝色（R：143，G：191，B：217），绘制矩形，添加相应文字，如图 36 37 所示。

19 **最终效果** 利用相似方法绘制更多效果，如图 38 39 所示。

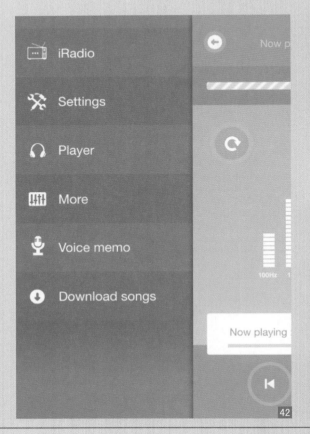

13.5
UI 设计师必读：iOS 8 系统的设计风格

自从WWDC大会iOS 8系统问世以来，对iOS 8与iOS之前系统所拥有的堪称"翻天覆地"的变化，专业人士、媒体、普通用户以及果粉们对其褒贬不一。虽然全新iOS 8系统的扁平化设计风格在表面上带来了与之前全然不同的简约风格，但是iOS 8整个系统在设计理念、设计风格和系统功能上，都有了很大改变。包括字体、图标等设计的诸多经典元素，都和iOS之前不一样，给用户带来了不一样的体验。

iOS 8的界面设计

13.5.1 扁平风格

iOS 8的程序及图标不仅变得更加简洁扁平化，而且新用户界面对外部复杂环境的适应能力也极大增强了。比如iOS 8系统不仅有根据用户的时差角度调整界面的加速器，还为了方便用户辨识屏幕利用手机内置的光线感应仪让图标和背景自动适应不同的光线强度，在控制面板的文本和色彩的同时也能够按照主题背景图片的色彩自动进行调整。

13.5.2　细节刻画

相对iOS之前版本而言，iOS 8整个系统的图标和应用的细节被简化，但是其所处的系统底层却变得更加复杂。我们发现，iOS 8的新图标和文本不仅不在共用单一的图标按钮之内，并且它新采用的Helvetica Neue Ultra Light字体也被直接显示在屏幕上。这样一来，看上去更加简洁直观。但是由于图形不能以按钮作为基准位置，而是要帮助用户定位漂浮在空间中的文本，所以在图形设计方面，面临着很大的挑战。

另外，iOS 8系统的屏幕本身也呈现出一种图像密集多层化效果。我们从上面分解的三维投影图上可以看到三个非常清晰的层次。底层是背景图片，中间层是应用程序，顶层是控制中心的背景，具有模糊效果的面板层。设计师认为，多层的设计将会给用户带来一种新的质感和新的体验。

13.5.3　文字效果

iOS 8系统全新启用的Helvetica Neue Ultra Light字体是原来iOS标准字体Helvetica Neue的瘦身版，Neue字体也是Helvetica字体和变体 Ultra Light 成为计算机时代的经典字体。在iOS系统中，干净和优雅是Neue字体的代名词。

但是iOS 8系统所使用的Ultra Light也有很大的使用风险。因为在大多数背景下，Ultra Light字体很难辨识。要是iOS没有了字体曾经放置的边框和背景，其就显得很暗淡。也就是说，模糊背景下，这种字体很漂亮，要是用户更换了背景，字体效果就变得很糟糕。

iOS 8的字体设计

13.5.4　界面效果变化大

从表面上看，iOS 8系统与iOS之前系统最大的不同就是来自于图标的变化。新系统的图标放弃了之前非常具有质感的偏立体设计，而采用了"扁平化"简洁干净的设计风格。有的人说，苹果正在向微软Windows Phone系统风格靠拢，因为苹果放弃使用原本的skeuomorphic风格，而开始进行平面化图标设计风格。

其实，在整个iOS 8系统中，不仅仅是应用图标的扁平化和简单化。整个新系统的UI也改变了苹果之前的拟物化设计，减少了许多装饰。总而言之，苹果公司的审美观正在发生变化。